숨은 과학

과학이 열리던 날,
그들은 무엇을 보았을까

숨은 과학

김병민 지음

사월의책

숨은 과학

1판 1쇄 발행 2020년 11월 25일
1판 2쇄 발행 2021년 5월 20일

지은이 김병민
펴낸이 안희곤
펴낸곳 사월의책

편집 박동수
디자인 김현진

등록번호 2009년 8월 20일 제396-2009-126호
주소 경기도 고양시 일산서구 중앙로 1388 동관 B113호
전화 031)912-9491 | 팩스 031)913-9491
이메일 aprilbooks@aprilbooks.net
홈페이지 www.aprilbooks.net
블로그 blog.naver.com/aprilbooks

ISBN 978-89-97186-44-0 03400

* 책값은 뒤표지에 있습니다.
* 이 도서는 한국출판문화산업진흥원의 '2020년 우수출판콘텐츠 제작 지원' 사업 선정작입니다.
* 이 도서의 국립중앙도서관 출판예정도서목록(CIP)은 서지정보유통지원시스템 홈페이지 (http://seoji.nl.go.kr)와 국가자료종합목록 구축시스템(http://kolis-net.nl.go.kr)에서 이용하실 수 있습니다. (CIP제어번호: CIP2020046732)

무명의 과학자들에게,

그리고 곧 나타날 내일의 과학자들에게

차 례

Ⅳ부 세상과 맞서다

Ⅴ부 세상에 도전하다

Ⅵ부 세상을 살아가다

우물에 숨은 과학

생애 첫 책이 출간되고 얼마 지나지 않아 한 일간지 편집국장으로부터 전화가 왔다. 신문사에서 지면 개편이 있을 예정이었고 그는 신설되는 인문학 코너에 실을 고정 칼럼을 부탁했다. 과학저술가로 세상에 얼굴을 내민 지 얼마 되지 않은 내가 신문에 면구한 글을 올린다는 게 주제넘다 여겨져 바로 거절했다. 결국 몇 번의 거절 끝에 편집국장의 간곡한 설득으로 그 주제넘은 짓을 수락했다. 당시 나에게는 모든 것이 처음이었고 모든 것이 두려움이었으며 모든 것이 설렘이었다.

애초에 제의를 거절했던 가장 큰 이유는 글을 싣는 곳이 인문학 코너였기 때문이다. 더 솔직히 말하면 자신이 없었다. 당시 집필진은 모두 인문학자 또는 역사학자였고 유일한 과학저술가로 지면 한 면을 가득 채워야 하는 일이 여간 부담스럽지 않았다. 바로 마감이

다가왔고 걱정을 오래 이어갈 수는 없었다. 첫 원고를 시작하며 앞으로 얼마 동안 칼럼 필진으로 기고하게 될지 몰랐지만, 내가 세상에 내놓는 모든 글 전체를 관통하는 맥을 가지고 독자들에게 다가가고 싶은 욕심이 생겼다. 그 흐름을 찾던 중에 어떤 이야기가 떠올랐다. 19세기 유럽에서 전해온다는 것만 알려져 있고 정확한 출처가 없는 일화지만, 인류의 과학사에도 투영될 만한 묵직한 메시지가 담긴 이야기이다.

청명하고 화창한 어느 날, 진실과 거짓이 우연히 만난다. 둘은 함께 시간을 보내던 중 어느 우물에 다다른다. 맑은 물이 가득한 우물을 보자 거짓은 같이 목욕할 것을 제안했고 둘은 옷을 벗고 우물로 들어간다. 이때 거짓이 우물 밖으로 나와 진실의 옷을 훔쳐 달아난다. 화가 난 진실이 알몸으로 우물 밖을 나와 거짓을 찾았지만, 세상 사람들은 진실의 벗은 몸에서 시선을 돌렸고 분노와 수치심을 느낀 진실은 다시 우물로 들어가 나오지 않았다. 반면 진실의 옷을 입은 거짓은 세상을 즐겼고 세상은 누구도 그를 거짓이라 생각하지 않았다. 이후로 세상은 다시 진실을 만날 수 없었다.

이 이야기에 앞서 기원전 5세기경 고대 그리스의 자연철학자인 데모크리토스도 비슷한 말을 했다. "우리는 진실에 대해 아무것도 모른다. 진실은 우물 속에 있으니까."

기원전에도 그랬고 근대 과학이 눈부시게 발전한 19세기에도 그러했으며 지금도 별반 다르지 않은 사실이다. 진실은 늘 어딘가에 숨어 있어 쉽게 보이지 않는다. 모든 것이 그러하지만 특히 인류 문명에 등장한 과학기술은 늘 양날의 검과 같은 모습을 가지고 있었다. 세상을 이루는 사물의 본질을 이해하고 도전과 실패를 반복하며 새로운 물질과 문명을 만들어낸 덕분에 인류는 과거보다 풍요로워졌지만, 그만큼 세상이 나빠지기도 했다. 거기에는 인류의 욕망이 자리 잡고 있었고, 과학은 그 실현의 도구였다. 하나를 얻으면 다른 하나를 내놓아야 하는 게 세상의 이치라면, 우리를 둘러싼 환경이 파괴되고 있다는 사실은 우리가 외면해온 진실의 모습 중 하나일 것이다.

때로는 세상을 가장 합리적으로 설명할 수 있다는 과학의 장점이 우리에게는 가장 취약한 부분으로 작용하기도 한다. 왜곡된 지식은 그 약해진 틈을 타고 진실의 옷을 입는다. 유사과학이라는 거짓은 늘 우리 주변에 머물며 유혹한다.

우리는 늘 1등만을 기억한다. '승자가 모든 것을 가져간다'The winner takes it all는 노래 제목도 있지 않은가. 우리는 어떤 위대한 발견과 발명, 그리고 세상을 바꾼 모든 업적이 뛰어난 한 명의 천재에 의해 만들어진 것으로만 알고 있다. 하지만 과학은 한 사람의 위대함으로 만들어지지 않는다. 보이지 않는 숨은 과학자들의 무수한 논쟁과 탐구를 통과해 우리가 아는 그 사람으로 수렴됐을 뿐이다.

한편으로는 부단한 노력 끝에 거둔 위대한 발견이 '세렌디피티'로 포장되기도 한다. 하지만 우연처럼 보이는 그 무엇도 결국은 필연의 결과 아닐까. 수많은 숨은 이들이 운명의 돌다리를 만들지 않았다면 그 우연에 도달할 수 있었을까. 보이지 않는 노력과 실패는 어느 우물에나 숨어 있다.

세상에는 수많은 우물이 있다. 그 안에는 세상에 알려지지 않은 미지의 것도 있다. 우리는 그것을 알지 못한다는 사실조차 모를 것이다. 하지만 이미 알려진 알려지지 않은 것들the known unknowns도 많다. 우리가 무시하고 외면하거나 그 진실이 세상에 드러날 것을 두려워하고 있는 것들이다. 한 일간지 덕분에 나는 매달 그 우물에 숨어 울고 있는 진실을 찾아다닌다. 그리고 그것들을 건져 투박한 문장들 몇 개로 숨을 불어넣고자 했다. 벌거벗은 진실에 옷을 입혀 세상에 다시 내놓는 일은 즐거웠고 행복한 여행이었다. 이 여정에 늘 동행해준 장인용 형께 지면을 빌려 감사드린다.

여기에 실은 글들은 과학만이 아닌 사람들의 이야기이고, 우리들 삶의 이야기다. 독자들도 이 이야기에 함께하길 바란다. 책의 가치는 쓰는 것보다 읽히는 데 있을 것이다. 만약 책이 널리 읽히지 않는다면 그건 온전히 저자의 잘못일 것이며, 오래도록 살아남는다면 그건 모두 독자들 덕분이다.

일산 한양문고 모퉁이에 앉아

김병민

1부

세상을 알다

인류가 지구 행성에 출현한 시기는 138억 년이라는 우주의 역사는 물론 45억 년이라는 지구 나이에 비교해도 근래에 해당한다. 게다가 인류는 탄생 이후 줄곧 문명을 이루며 살아왔지만, 사물의 본질과 인류가 존재하기 이전의 세상을 알게 된 건 지금으로부터 수백 년 남짓밖에 되지 않는다. 이 커다란 세상은 필연을 가장한 우연으로 가득했다. 다다를 수도 없고 만질 수도 없으며 보이지도 않는 본질의 전체를 알기란 불가능에 가까운 일이었지만, 인류는 과학이란 도구로 많은 부분을 합리적으로 설명하고 증명함으로써 차츰 전체의 모습을 알아내고 있다. 광활한 은하계에서도 변두리에 속한 태양계의 한 작은 행성에서 태어난 생명체가 이 세상이 만들어진 이유와 본질 그리고 작동 원리를 알아내고 있다는 사실은 믿을 수 없을 만큼 경이로운 일이다. 그 시작은 인간만이 가진 호기심과 질문 때문이었다. 또한 이런 탐구를 지속할 수 있는 동력도 인간만이 가진 욕망 때문인지 모른다.

1

빛의 연대기

왜 슈퍼맨은 지구를 여덟 바퀴 돌지 못했나

빛의 속도를 발견한 제임스 클러크 맥스웰

명절이 오면 극장가는 블록버스터로 사람들을 끌어들입니다. 외계인이나 악당에 맞서 위험에 빠진 인류와 지구를 구하는 영웅이 등장하는 할리우드 영화는 예나 지금이나 상상력을 자극하고 즐거움을 줍니다. 요즘 영화는 거대 자본의 투자로 규모도 커졌고 등장하는 영웅도 화려하고 다양해졌지만, 그래도 제 마음속에 남아 있는 영웅은 '슈퍼맨'이 첫손가락에 꼽힙니다. 당시 슈퍼맨은 꿈과 모험을 향한 열망이 가득한 아이들에게 정의와 상상력을 가르쳐준 우상이었죠.

아직도 또렷하게 기억하는 장면이 있습니다. 슈퍼맨은 사랑하는 사람이 사고로 죽자 오열하며 지구를 빠른 속도로 돌아서 지구 자전을 반대 방향으로 바꿉니다. 그러자 세상의 시간이 거꾸로 흐르고, 결국 사고 전 시간으로 돌아가 연인을 살릴 수 있었지요. 우주의 시간마저 과거로 되돌릴 수 있는 영웅의 능력이 과학적으로는 맞지 않음에도 당시 어린 소년이었던 제게는 가장 가지고 싶었던 능력이었습니다.

그런데 이 장면에서 주인공은 특별한 일을 하나 합니다. 지구 자전 역방향으로 빠르게 돌았는데 정확히 1초 동안 7바퀴 반을 날아간 겁니다. 7바퀴도 아니고 8바퀴도 아닌 7바퀴 반이었죠. 슈퍼맨은 왜 그 속도로 비행했을까요? 사실 이 영화에서 과학적 사실에 부합하는 장면은 거의 없습니다. 외계에서 온 생명체가 지구에서 질병 없이 멀쩡하게 성장한 것도 의문이지만, 슈퍼맨을 무력화한 크립토나이트라는 광물질은 밝혀지지 않은 상상의 물질이며, 눈에서는 레이저가 나오고 입으로 부는 찬바람이 액체질소처럼 모든 것을 얼리는 장면을 포함해, 중력이나 힘과 운동 같은 물리적 법칙이 무시되는 그 어떤 장면도 현재 인류가 알고 있는 과학적 지식으로는 설명이 어렵습니다. 하지만 단 한 장면에는 위대한 과학적 사실이 숨어 있습니다.

지금 우리는 빛에 대해서 많은 사실을 알고 있습니다. 하지만 동시에 무척 불편한 사실도 받아들이고 있죠. 빛이 1초 동안 일정하게 299,792,458미터의 거리를 간다는 것을 의심조차 하지 않고 너무나 당연하게 받아들이고 있는 겁니다. 빛은 이 속도 이하도 이상도 아닌 초속 약 30만 킬로미터의 속도로만 진행합니다. 그리고 빛의 속도가 우주에서 가장 빠른 속도여서 그 어떤 것도 빛보다 빠르게 갈 수 없죠. 이제 슈퍼맨의 비행 속도를 추측해봅니다. 지구 둘레의 길이는 약 4만 킬로미터입니다. 그러니까 빛이 지구 둘레를 달린다면 1초에 7바퀴 반을 돌 수 있습니다. 결국 영화에서 슈퍼맨은 빛과 같은 속도로 날아간 셈입니다. 아무리 빠른 슈퍼맨도 빛의 속도보다 더 빠르게 날 수는 없으니까요. 빛은 어떤 까닭으로 이런 특이한 성질을 지녔을까요? 또 인류는 어떻게 그 사실을 알아냈을까요?

우리는 빛의 속도를 어떻게 알게 되었을까

빛을 제대로 알지 못하던 시대에도 그 정체에 대한 인류의 호기심은 있었습니다. 그리고 답을 알기 위해 탐구는 끊임없이 계속됐습니다. 기원전 유클리드에서부터 뉴턴과 오일러와 토머스 영이라는 학자까지 많은 과학자들이 입자론과 파동론을 번갈아 주장하며 빛의 성질을 밝혀내기 위한 여정에 참여했습니다. 그 여정의 끝이 지금으로부터 그리 멀지 않은 19세기 중반이었으니, 인류에게 빛은 꽤 오랜 시간 동안 미지의 영역이었죠. 그때까지 변함없는 진리는 빛이 직진한다는 것이었습니다. 진행 방향이 결정됐으니 속도가 궁금해집니다.

사변적 상상이 아니라 과학적 실험을 통해 빛의 속도를 알려고 한 시도는 17세기 초로 거슬러 올라갑니다. 당시 측정 방법은 눈으로 보이는 번개 불빛과 시간 차이로 들리는 천둥소리를 가지고 거리를 구하는 방법과 크게 차이가 없습니다. 섭씨 25도 대기에서 소리가 초당 340미터를 간다는 사실을 바탕으로 번개가 발생한 위치를 계산해본 경험이 있을 겁니다. 인간의 눈과 귀가 유일한 도구였고 간단한 수학이면 근사치를 알 수 있습니다. 빛의 속도를 측정하는 것 역시 처음에는 인간의 감각에 의존했습니다. 당시 갈릴레오의 실험은 유명한 일화가 됐습니다. 두 사람이 약 1.6킬로미터 떨어진 산의 정상에서 각자 천으로 덮은 램프를 들고서 실험을 합니다. 한 사람이 먼저 천을 걷어내 램프의 불을 열고 그것을 본 다른 사람이 램프를 여는 겁니다. 갈릴레오는 빛이 약 3.2킬로미터를 진행하는 속도를 계산한 겁니다. 분명 짧은 거리에서 순식간에 일어난 일이고 무척 부정확한 측정 방법이니 오차는 당연히 컸지요. 갈릴레오가 알아낸 빛 속도는 소리 속도보다 훨씬 빠르다는 정도였습니다. 그는 인간의 측정에 한계가 있다고 인정할 정도로 빛이 빠르다고 생각했죠. 사실 갈릴레오가 실제로 이런 실험을 하지는 않았다고 합니다. 그는 빛 속도를 추정의 영역에 남겨 놓았고, 결국 그 신비를 풀지 못한 채 빛의 속도가 무한할 것이라는 결론을 냅니다.

갈릴레오 이후에는 빛 속도를 측정하기 위한 측정 대상을 천체로 옮깁니다. 대부분의 천문학자들이 빛 속도 측정에 관심을 보였죠. 그들은 태양계 행성 중 하나인 목성을 선택합니다. 지금처럼 오염된 대기에서도 목성은 잘 보이니까 당시에는 더 잘 보였을 겁니다. 목성에는 '이오'라는 위성이 있고 위성이 목성에 의해 가려지는 월식을 통해 빛 속도를 계산했지요. 결과는 초속 212,000킬로미터였습니다. 측정하는 기준의 잣대가 커지니 비교적 근사치의 값을 얻었습니다. 이제 더 먼 천체로 잣대를 키워봅니다. 밤하늘 북극 부근에 있는 용자리가 그 대상이었지요. 용자리에 있는 항성을 기준으로 얻어낸 빛 속도는 초속 301,000킬로미터입니다. 무척 놀라운 근삿값입니다.

19세기에는 레이저와 광학기구를 사용해 빛을 직접 측정하는 방법을 시도합니다. 1862년에 레옹 푸코는 렌즈와 거울을 이용해 빛을 직접 측정합니다. 물론 앞선 과학자의 측정 방법을 개량한 것이지만 이 방법을 통해 얻은 결과는 초속 298,000킬로미터였습니다. 심지어 푸코는 물속에서의 빛 속도까지 측정합니다. 나아가 빛이 매질을 통과하며 속도를 유지하기 위해 방향을 바꿔 굴절한다는 빛의 또 다른 성질도 밝혀냅니다. 이때까지도 빛의 파동성과 입자성의 논란은 종식되지 않았고 빛의 이런 굴절 성질은 파동론에 힘을 더하기도 했죠. 하지만 당시까지 인류는 빛의 대략적 속도를 알아냈음에도 빛이 왜 이 속도로 진행하는지의 이유는 여전히 알지 못했습니다. 그리고 그 속도도 정확하지 않았으니 측정에 한계가 있다고 생각했습니다. 어쩌면 인류에게 빛의 속도는 여전히 무한한 값과 다름없었을 겁니다.

빛의 실체로부터 놀라운 도약을 이루다

여기서 잠시 다른 학문 영역을 살펴보겠습니다. 18세기에는 전자기에 대한 학문이 급성장합니다. 물론 이 시기는 전자기뿐 아니라 대부분의 과학 분야가 폭발하듯 진보한 시기이기도 합니다. 지금은 당연한 사실이지만, 당시에는 거대한 진실로 하나씩 나타났죠. 전선에 전기가 흐르면 주변에 자기장이 발생합니다. 그래서 자기에 대한 연구도 전기와 떼어낼 수 없습니다. 지금 어른들은 학창 시절에 배운 전기와 자기에 관한 이론을 대부분 잊었겠지만 '오른손 법칙'이 있다는 건 어렴풋하게 기억할 겁니다. 오른손의 세 손가락으로 힘과 전류와 자기장 방향을 나타내는 법칙이지요. 전자기학에는 쿨롱부터 가우스와 패러데이 그리고 앙페르까지 수많은 과학자와 방정식이 등장하지만, 지금 그 어려운 수식을 꺼내 풀어보자는 건 아닙니다. 핵심은 전류는 전하의 흐름이라는 것입니다. 사실 전류가 흐른다는 말은 틀린 말이고 전하의 존재가 전자기학의 핵심인 겁니다.

전하는 전기 현상의 근원이 되는 실체로 전기를 띠는 양적인 실체를 말합니다. 흐르지 않고 정지한 전하의 뭉치가 바로 정전기라면 이해가 쉬울까요. 정전기가 있는 곳에 손을 대면 빠른 속도로 전하가 이동하는데, 우리는 그 힘인 전압으로 인해 따끔한 고통을 느끼지요. 전하는 극성이 있습니다. 자석의 같은 극끼리 서로 밀치는 작용처럼 같은 극성을 가진 전하도 서로 밀어냅니다. 바로 척력斥力이지요. 일정 거리에 있는 같은 전하 사이에 존재하는 척력의 정도를 정해야 전기와 관련된 모든 힘을 계산할 수 있습니다. 못에 전선을 감고 전하를 얼마나 흘려야 어느 정도의 자석이 되고 어느 수준의 모터를 만들 수 있는지 알게 되죠. 이 힘에 사용하는 상수값이 바로 전기 상수입니다. 마찬가지로 전하가 움직여서 전류를 만들면 자기력이 생기는데, 그 자기력도 일정한 상수값으로 정의합니다. 19세기에 들어 자기력에 변화를 주면 거꾸로 전기력이 생긴다는 사실까지 발견하고 자기 상수도 정밀하게 측정했죠. 결국 전기 상수와 자기 상수가 서로 연관이 있다는 것이고, 인류는 전기력과 자기력 사이의 관계를 찾아내기에 이릅니다.

이렇게 전기력과 자기력의 상호관계를 방정식으로 완성해 전자기 이론을 확립한 사람이 제임스 클러크 맥스웰James Clerk Maxwell, 1831~1879입니다. 전기와 자기의 두 가지 힘이 서로 맞물려 주기적인 파동의 형태로 나타난다는 것을 인류가 알게 된 겁니다. 이것이 바로 전자기파입니다. 그런데 맥스웰은 전자기 방정식 안에 있는 두 상수의 곱셈에 어떤 속도값이 들어 있다는 것을 발견합니다. 분명 전자기 파동이 진행하는 속도일 겁니다. 그 속도값이 두 상수값의 곱셈이니 그 또한 일정하게 변하지 않는 상수였던 것이지요. 그 값이 초당 299,800킬로미터였습니다. 이 숫자가 우리에겐 무척 익숙합니다. 당시 천문학자인 푸코가 실험에 의해 계산한 빛의 속도와 같았지요. 그러니까 물리학자의 계산 결과와 천문학자가 측정한 빛의 속도가 일치했던 겁니다.

결국 1862년 맥스웰에 의해 빛의 정체는 전자기파의 한 종류이고, 그 속도가 초속 약 30만 킬로미터라는 걸 알게 됩니다. 우리가 일상적으로 빛이라고 말하는 것은 전자기파의 영역 중에 눈으로 볼 수 있는 가시광선 영역만으로 한정되지만, 사실 과학에서의 빛은 전자기기의 눈에 보이지 않는 마이크로파나 라디오의 전파, 병원에서 사용하는 엑스선과 같은 방사선을 모두 그 영역에 포함하고 있습니다. 이제 빛의 정체를 알게 된 인류는 엄청난 도약을 하게 됩니다. 어쩌면 고전물리와 현대물리의 경계는 맥스웰이 선을 그었다고 해야 할 겁니다. 초등학생도 알고 있는 아인슈타인의 상대성 이론도 맥스웰이 없었다면 나오지 않았을 겁니다. 맥스웰 이후 인류의 문명은 완전히 바뀌게 됐으니까요.

시속 100킬로미터로 고속도로 위를 달리는 차 안에서 같은 속도로 진행하는 차를 보면 그 상대 속도는 0에 가깝지요. 반면에 반대 차선에서 같은 속도로 달리는 차의 상대 속도는 시속 200킬로미터에 가깝습니다. 거시세계에서 속도는 이렇게 상대적으로 더하거나 빼면 구해집니다. 하지만 빛은 특수한 성질이 있습니다. 빛의 상대 속도는 단순하게 더하거나 뺀다고 구해지지 않습니다. 빛의 속도는 상수입니다. 상수는 변하지 않는 값이지요. 만약 시속 100킬로미터를 달리는 자동차에서 전자기파의 일종인 빛의 속도가 상대적으로 달라지면 전자기 방정식이 맞지 않게 됩니다. 우리가 사용하는 휴대전화와 내비게이션을 비롯한 모든 전자기기는 전자기 방정식을 바탕으로 하고 있습니다. 빛의 속도가 상대적으로 달라진다면 우리는 자동차 안에서 휴대전화를 할 수도 없고 내비게이션을 사용할 수도 없을 겁니다.

빛은 자동차보다 더 빨리 달리는 고속열차에서도, 초음속 비행기에서도 무조건 1초에 30만 킬로미터를 달립니다. 인류는 빛이 일정한 속도를 가진 것을 알게 된 이후에 더 많은 것을 알게 되었고, 또 더 많은 것을 얻게 됩니다. 모든 첨단 문명은 빛이 일정한 속도를 가진 상수라는 사실에 의지합니다. 속도란 원래 상대적인 겁니다. 대부분의 속도는 변하는 값이지 상수값이 될 수가 없습니다. 속도가 어떤 환경에서도 이런 일정한 상수값을 가진다면, 그것은 오로지 빛의 속도 하나뿐입니다. 그리고 빛보다 더 빠른 속도를 가진 그 어떤 것도 없습니다. 이런 불편한 진실이 수학적 원리로 증명됐으며, 지금 현대 사회에서 사용되는 모든 과학기술의 산물이 이 원리를 바탕으로 작동합니다. 이 모든 것이 빛 속도가 일정하기 때문이고, 빛이 왜 그런 성질을 지녔는지 너무도 신기하지만, 인류는 아직 그 이유를 알지 못합니다. 다만 왜 그렇게 세상이 움직이는지를 알 뿐이고 이를 통해 모든 현상이 충분히 설명됩니다. 과학은 이유를 설명하기 전에 그 정체가 무엇이고 어떻게 운동하는지를 정확하게 설명하고 있습니다.

우리 주변에서 볼 수 있는 상식적 운동을 벗어나 전혀 다른 운동을 하는 빛의 속도는 받아들이기 어렵고 불편합니다. 꿈과 모험으로 가득한 아이에게 슈퍼맨뿐 아니라 어떤 영웅도 1초에 지구를 8바퀴 돌 수 있는 능력은 없다고 이야기해야 하고, 아직 빛보다 빠른 것은 없으므로 인류가 우주의 끝을 여행하는 꿈은 포기해야 한다고 말해야 하기 때문입니다. 하지만 전자기파인 빛의 속도가 일정하지 않았다면 우리는 지구 반대편에 떨어진 가족과 화상통화를 하며 그리움을 달랠 수도 없고, 가족을 만나러 고향에 가는 길에서 내비게이션의 길 안내를 받을 수도 없을 겁니다. 어쩌면 일정한 빛의 속도는 인류가 우주를 이해하고 그 안에서 풍요롭게 살아갈 수 있도록 해주는 우주의 소중한 선물인지도 모르겠습니다.

2

밤하늘의 탄생

어두운 밤하늘이 우리에게 알려준 사실

여성 천문학자 헨리에타 레빗

'하늘은 왜 푸르고 노을은 붉을까요?' '별은 왜 빛날까요?' 우리의 시선을 지상에서 하늘로 두는 순간 여러 질문들이 떠오릅니다. 이런 질문에 대한 과학적 해답을 찾아내는 것은 그리 어렵지 않습니다. 그런데 과학적 사실을 넘어 태양이 사라진 후 눈앞에 나타난 우주의 모습은 아름답기만 합니다. 도심 불빛의 간섭이 없는 곳에서 밤하늘에 펼쳐진 별의 향연을 본 사람은 그 아름다움에 압도당하고 위안을 받습니다. 그래서 인류는 아름답게 빛나는 별 하나하나에 이름을 붙였습니다. 심지어 별빛을 가리는 우주의 어느 먼지 구름조차 이름이 있습니다. 하지만 그 아름다움 사이를 가득 채우고 있는 어둠에 대해서는 관심이 많지 않습니다. 만약 제가 어둠이라면 억울한 생각이 들 것 같습니다. 밤하늘이 이토록 아름다운 것은 그 배경에 깔린 어둠 때문이기도 하니까요. 어둠이 없다면 빛의 아름다움을 말할 수 없었을 겁니다. 하늘의 어둠은 분명 지상의 어둠과는 다른 세계이고, 우리는 그 어둠 안에 숨겨져 있는 미지와 기원에 대해서 호기심과 경이로움을 느끼고 겸허해집니다. 그러나 그 누구도 별빛이 아름답다고 하지, 어둠이 아름답다고 하지는 않습니다.

우리는 매일 어둠을 맞이합니다. 지구의 자전으로 태양이 시선에서 사라지고 어두운 밤이 찾아오는 것을 당연하게 여기지만, 전파망원경으로 본 깊은 우주에는 한밤중에도 별이 가득합니다. 스스로 빛나는 별이 저토록 많은데 왜 인간의 눈에는 밤하늘이 어둡게만 보일까요? 우주는 인류에게 무엇을 알려주려고 그렇게 어두운 상태로 있는 걸까요? 사실 어두운 밤하늘은 우리에게 빛의 아름다움이 주는 위로보다 더 큰 선물을 선사했습니다.

우리는 과학자들 덕분에 빅뱅으로 우주가 탄생했고 그 우주가 팽창하고 있다는 사실을 알고 있습니다. 그럼에도 가끔 '빅뱅이란 것이 과연 존재하는가' 하는 의심을 하게 됩니다. 인류는 빅뱅 이전과 그 사건이 일어난 바로 그 순간을 정확히 알지 못하기 때문이죠. 인류가 알고 있는 부분은 빅뱅 직후 아주 짧은 시간 이후부터입니다. 그 짧은 시간은 1초가 되지 않는 시간이고 소수점에 0이 무려 33개나 붙어 있는 10^{-34}초입니다. 사실 만질 수도 볼 수도 없는 존재에 대한 믿음은 과학자가 아닌 이상, 그 존재를 입증할 증거가 아무리 널려 있다 해도 그 자체로 의미 있게 받아들이기 쉽지 않습니다. 하지만 지금까지 모든 관측 자료와 과학적 증거로 보면, 138억 년 전에 빅뱅이 일어나 우주가 출발했다는 것이 현재 가장 설득력 있는 우주 창조 이론입니다. 여기서는 인류가 빅뱅을 알기 전, 그러니까 인류가 우주의 출발점을 알아채기 시작한 이야기를 하려 합니다.

왜 밤하늘은 어두울까

이야기는 간단한 질문으로부터 출발합니다. 그 질문은 아이들로부터 들었던, 혹은 우리가 어렸을 때 가졌던 질문과 별반 다르지 않습니다. 바로 '왜 밤하늘은 어두운가'입니다. 밤이 되면 어두워지는 게 당연하지만, 그 당연한 사실로부터 인류는 우주의 역사 안에서 세상의 기원과 자신의 위치를 알아가게 됩니다.

사실 어둠은 빛의 부재입니다. 빛은 거의 모든 공간에 존재할 수 있기 때문에, 빛의 부재로 인한 어둠 역시 공간의 특성에 따라 달라질 수 있습니다. 이 사실이 과학자들을 끊임없이 괴롭혔습니다. 중력 개념을 제시한 아이작 뉴턴도 여기서 예외가 아니었습니다. 우주 공간의 특성이 문제가 되었기 때문입니다. 대체 우주는 어떤 모양이고 얼마나 넓은 것일까요. 그래서 그는 우주의 크기가 유한하거나 또는 무한하다는 두 가지 가정을 하게 됩니다. 그러고는 그 가정에 중력 이론을 대입해본 거죠. 만약 우주의 크기가 유한하다면 그 안의 별들은 중력으로 서로를 끌어당길 겁니다. 결국 우주 안의 별들은 인력으로 인해 어느 중심으로 뭉치게 된다는 결론이 나옵니다. 하지만 그가 우주가 뭉치고 붕괴된다는 이론을 꺼내기는 쉽지 않았을 겁니다. 꺼낸다 해도 이미 밤하늘에서 보는 별들의 운동 때문에 그것을 증명하기가 불가능했지요. 그의 중력 이론은 지구 위의 사과는 물론 달에도 해당하는 것이었고, 지금도 인류는 그가 생각한 공간까지만 눈으로 실제 확인한 데 불과합니다. 그래서 그는 우주의 크기가 무한하다는 가정을 다시 세웁니다.

그런데 우주 공간이 무한하다면 또 다른 논리적 모순에 빠지게 됩니다. 공간이 무한하다면 그 어느 곳에도 별이 있어야 합니다. 별이 없다면 공간(진공이 아닌, 위치로서의 공간)은 없는 것이니까요. 그렇다면 시선을 어느 방향으로 돌려도 별이 존재하고 밤하늘은 별로 빽빽하게 차 있어서 그 별들로부터 날아오는 빛 때문에 꽤 밝아야 합니다. 빛의 속도는 (당시로서는) 무한대니까요. 하지만 수많은 별이 존재함에도 밤하늘은 그저 어둡기만 합니다. 물론 별이 멀리 있으면 거리에 따라 빛의 세기가 반비례해서 줄어듭니다. 하지만 먼 곳은 또 그 거리만큼 비례해서 별이 많아집니다. 결국 거리에 따라 우리가 볼 수 있는 빛의 전체 광량은 줄어들지 않는다는 거죠. 사실 우주 공간의 크기가 무한하거나 유한하다는 것은 우주가 정적이라는 것을 뜻합니다. 공간의 크기를 정했을 뿐 정해진 공간의 크기 자체는 변하거나 바뀌지 않으니까요. 그래서 이제는 공간에 얽혀 있는 빛의 속도에 의심을 품기 시작합니다. 왜냐하면 지금까지의 논리는 빛의 속도는 무한하다는 가정 위에서 성립된 이론이니까요.

결국 정적인 우주관에서는 우리 눈에 보이지 않는 별의 존재를 제안합니다. 그 별이 너무도 멀리 떨어져 있으면 보이지 않을 수 있다고 가정한 겁니다. 만약 빛의 속도가 유한하고 별이 우주의 나이에 해당하는 시간보다 더 먼 거리에 있다면 그 빛은 아직 우리에게 도달하지 않았고 우리는 가까운 빛만 볼 수 있기 때문에 논리적 모순에서 빠져나올 수 있었습니다. 그래서 과학자들은 빛의 속도가 무한하지 않고 유한하다는 생각을 하기 시작합니다. 실제로 19세기 인류는 전자기학을 완성하며 방정식으로 빛의 속도가 유한하다는 사실과 그 속도를 확인합니다. 빛의 속도를 알게 되면 이제 별까지의 거리를 정확하게 알 수 있게 됩니다. 이전에는 별까지의 거리를 삼각법을 이용해 측정했지만 별빛의 세기와 빛의 속도를 알게 됐으니 별까지의 거리를 더 쉽게 측정할 수 있게 됐죠.

별까지의 거리에 대한 이론은 1912년 미국의 여성 천문학자 헨리에타 레빗Henrietta Leavitt, 1868~1921에 의해 세상에 드러납니다. 그녀는 처음부터 천문학을 전공한 사람은 아니었습니다. 래드클리프 대학교 4학년 때 우연하게 천문학 강의를 듣고 우주에 관심을 갖게 됐습니다. 졸업 후 1893년부터 찰스 피커링에게 고용되어 하버드 대학교 천문대에서 별의 사진을 검토하는 계산원으로 근무했습니다. 레빗이 맡은 일은 사진 건판을 보며 항성의 밝기를 확인하고 분류하는 작업이었습니다. 당시만 해도 여성은 망원경을 다룰 수 없는 보수적 사회였지요. 게다가 급여마저 열악했습니다. 아마도 그녀가 가진 열정이 아니었다면 인류는 지금보다 늦은 진보의 길을 걷고 있을 겁니다.

레빗은 마젤란 성운의 사진에 나타나 있는 수천 개의 세페이드형 변광성이 가진 주기와 절대 밝기 사이에 간단한 비례 관계가 있다는 사실을 밝혀냈고, 이듬해 덴마크의 천문학자 아이나르 헤르츠스프룽이 은하수에 있는 몇몇 세페이드 변광성까지의 거리를 직접 재는 데 성공합니다. 이것이 우리 은하 밖 외계 은하에 대한 최초의 거리 측정이었습니다.

흥미로운 사실은 그 측정거리가 3만 광년이었지만 당시 알지 못했던 도플러 효과에 의한 적색편이와 빛의 소멸이란 변수를 고려하면 실제 거리는 17만 광년이라는 겁니다. 이 정도의 오차는 과학사에서 크게 중요하지 않습니다. 중요한 것은 이런 거리 측정으로 인해 우주 안에서 우리의 위치에 대한 이해가 (우리가 우주의 중심이 아니라는 것으로) 바뀌었다는 사실입니다.

레빗의 발견은 '주기-광도 관계'period-luminosity relationship로 정리됐고 이후 그녀의 연구가 엄청난 발견의 도화선이 됩니다. 과학저술가 제레미 베른슈타인은 이에 대해 "변광성은 몇 년 동안 관심의 대상이었다. 하지만 레빗이 그 사진 건판들을 연구하게 되었을 때, 피커링이 과연 그녀가 천문학을 송두리째 바꿔버릴 대발견을 하게 될 것이라는 생각이라도 했을지 의문이 든다"고 할 정도로 엄청난 일이었죠. 이후 천문학은 그간 숨겨졌던 비밀을 마치 도미노처럼 하나하나 무너뜨리며 벗겨내기 시작합니다.

팽창하는 우주가 만드는 어둠

이런 정확한 관측이 가능하게 된 것은 새로운 도구 덕분입니다. 과학은 측정의 역사이기도 합니다. 측정의 정밀도가 높아지면 결국 인류가 볼 수 있는 시야가 넓어지고 깊어지는 것이죠. 그 도구가 바로 망원경입니다. 1918년 캘리포니아 윌슨 산에 설치되어 지금까지도 사용하는 후커 반사망원경도 그런 도구의 하나였습니다. 후커는 당시 이 일에 자금을 후원한 사람의 이름인데, 이 후원자에게서 거금을 받아 망원경을 설치한 사람은 천문학자 조지 헤일입니다. 그는 천문학자임에도 투자 유치에 능한 인물이었습니다. 지름 100인치의 후커 망원경은 우주에 대한 우리의 이해를 다시 바꿔놓았습니다. 왜냐하면 에드윈 허블과 밀턴 휴메이슨 두 사람이 이 망원경을 통해 뛰어난 업적을 이룩했기 때문입니다.

허블은 이 망원경을 가지고 자신의 이름이 항상 따라다니는 법칙을 발견합니다. 이 망원경을 통해 은하까지의 거리와 은하에서 나오는 빛이 가진 스펙트럼의 적색편이 사이에 비례 관계가 있다는 '허블의 법칙'이 탄생하게 되죠. 적색편이는 도플러 효과에 의해 발생합니다. 다가오는 앰뷸런스에서 들리는 소리가 점점 높아졌다가 멀어지면 소리가 점점 낮아지는 것이 바로 소리라는 파동에 의해 발생한 도플러 효과입니다. 어떤 파동의 파동원과 관찰자의 상대속도에 따라 진동수와 파장이 바뀌는 현상을 가리킵니다. 빛도 전자기파의 일종인 파동이므로 결국 도플러 효과가 적용됩니다. 관찰자인 우리는 정지해 있는데 같은 별이 점점 붉은빛으로 보이는 것은 파장이 길어진다는 의미이고 멀어지고 있다는 뜻입니다. 따라서 은하의 '적색편이'만 측정하면 은하까지의 거리를 정확하게 측정할 수 있는 거죠. 지금은 세페이드 변광성이 아니라 초신성을 이용해 거리를 측정하고 있고, 공간이 팽창하면서 별이 후퇴하는 속도까지 측정하고 있습니다. 이를 통해 거리가 멀면 멀수록 은하들이 멀어지는 속도가 일정한 비례로 빨라진다는 사실을 관측할 수 있고, 따라서 우주가 가만히 있는 게 아니라 팽창하고 있다는 사실도 알 수 있습니다.

중력 이론을 우주로까지 넓혀 적용한 일반상대성 이론의 창시자 아인슈타인도 처음에는 우주의 크기가 정적이어야 한다고 주장했습니다. 하지만 얼마 지나지 않아 그도 허블의 관측 결과에서 도출된 '우주가 팽창한다'는 사실을 인정하게 됐죠. 그 뒤로 우주 팽창은 과학계에 빠르게 인정받게 됩니다. 우주가 팽창한다는 사실을, 영화 필름을 거꾸로 돌리듯 시간을 되감아 생각하면, 우주가 아주 작은 점에서 시작했다는 결론에 이르게 됩니다. 점점 팽창했으니 시간을 거꾸로 돌리면 축소하는 게 당연하고, 축소는 결국 한 점에 이르게 되죠. 그 출발점이 바로 '빅뱅'입니다. 사실 빅뱅 우주론이 본격화된 것은 1960년대에 우주배경복사가 발견된 뒤부터라고 할 수 있습니다. 당시에는 빅뱅 이론을 반대하는 정상우주론(우주는 변하지 않는다는 이론)도 여럿이었습니다. '빅뱅'이라는 이름조차 반대자인 영국 천문학자 프레드 호일이 그 이론을 비판하며 라디오 방송에서 우주가

'대폭발'한 거냐고 조롱한 데서 유래한 것입니다.

우주에는 우리 시선을 어디로 돌려도 밤하늘을 가득 메운 수많은 별이 있지만, 밤하늘이 밝지 않고 어두운 까닭은 광활한 우주가 빠른 속도로 팽창하고 있고, 밝은 별이 멀어지며 점점 적색으로 바뀌어 인간의 눈에 보이지 않는 적외선 영역으로 들어갔기 때문입니다. 우리의 눈은 가시광선만 볼 수 있습니다. 물론 지구의 생명체 중에는 근적외선을 볼 수 있는 동물들이 있습니다. 그 동물들은 아마도 인간이 보는 밤하늘보다 훨씬 많은 별과 밝은 밤하늘을 보고 있을 겁니다.

우리는 어둠을 그저 빛의 부재라 생각합니다. 그러나 별과 별 사이 어둠의 공간에도 빛은 있습니다. 관측 도구만 바꿔도 어둠 안에 존재하는 그 아름다운 별빛들을 볼 수 있습니다. 모두가 당연하다고 여기고 관심을 두지 않았던 어둠에 대한 호기심과 간단한 질문이 결국 우주가 탄생하고도 138억 년이 지난 지금, 미미한 존재일 뿐인 인류에게 광활한 우주의 모습과 그 나이를 거꾸로 알려주게 된 겁니다. 지금 우리는 그 어두운 공간이 보이지 않는 별빛뿐 아니라 우리가 볼 수 없는 암흑 에너지로 가득 차 있다는 사실도 알게 되었습니다. 밤하늘이 그저 깜깜하고 별이 빛나며 아름답기만 한 것이 아니었습니다. 인류는 어둠의 의미를 찾는 과정에서 큰 선물을 받게 된 겁니다. 어둠은 결국 빛의 부재가 아니라 볼 수 있는 능력의 부재인 것입니다.

어쩌면 우리 사는 세상도 마찬가지 아닐까 생각을 합니다. 우리 주위에는 밝은 빛을 내는 사람들이 있고 그 사이에는 그저 평범한 사람들이 가득하거나 사람들이 부재하는 것으로 보이지만 사실 고유한 빛을 내는 사람들이 무수하게 존재합니다. 우리가 느끼는 부재는 존재의 부재가 아니라 어둠을 아름다움으로 볼 수 있는 능력의 부재일지도 모릅니다. 귀한 존재를 알아보는 능력의 부재 말입니다. 중요한 것은 눈으로만 보이는 것이 아닙니다. 생각과 마음을 바꾸면 보이지 않던 것들이 보이기도 합니다.

3

우연의 역사

'세렌디피티', 모든 상황은 필연적 우연이다

테플론의 개발자 로이 플렁킷

풋사과 같은 청춘의 어느 날, 한 사람이 가슴에 찾아옵니다. 그 많은 사람 중에 유독 한 여학생이 자주 눈에 띄기 시작했죠. 처음에는 왜 그렇게 눈에 자주 보이는지, 그리고 그 마음이 어떤지 잘 몰랐습니다. 날이 갈수록 그 친구가 보고 싶어졌습니다. 그 여학생을 볼 수 있는 시간은 짧은 쉬는 시간이거나 어쩌다 겹치는 체육시간, 그리고 방과 후 자습실의 자습시간이었죠. 그 시절을 회상하면 그 시간 그 장소에 그녀 앞을 일부러 지나쳤던 어색한 행동들이 생각납니다. 우연히 마주치면 자연스럽게 그녀도 내 존재에 익숙해지고 겹쳐진 우연은 운명이 될 수도 있다고 믿었던 서투른 행동이었습니다. 하지만 운명을 닮으려던 거짓 우연은 실패했죠. 철부지 청춘은 가슴이 아프다는 게 무엇인지 알게 되고 체념을 배우게 됩니다. 제게 첫사랑은 그렇게 짝사랑으로 남았습니다.

살다 보면 '우연'을 기대하는 경우가 있습니다. 복권 당첨을 기대하고, 버스나 기차에서 우연한 인연을 기다리기도 하고, 어쩌다 풀었던 문제가 시험에 나오길 바랐던 적도 있습니다. 우연이라는 메커니즘 안에는 '확률'이라는 엔진이 작동합니다. 확률은 수학적 개념이지만 우리가 일상에서 확률을 기대하는 경우는 도박과 별반 다르지 않습니다. 결과를 얻기 위해 들이는 노력에 비해 큰 성과를 기대하기 때문이죠. 과연 우연에는 어떠한 인과관계도 없을까요? 어쩌면 우연도 노력이 필요하지 않을까요? 이제 우연에 대한 또 다른 이야기를 해보겠습니다.

세렌디피티의 과학사

과학사에서 가장 과학적이지 않은 단어의 하나가 '세렌디피티' serendipity입니다. 인류에게 큰 변화를 가져온 위대한 발견은 과학자가 수많은 실패와 연구를 하며 얻어진 결과입니다. 그런데 세렌디피티는 엉뚱하게도 계획에도 없고 예상하지도 못한 위대한 발견을 하게 되는 행운을 말하죠. 심지어 세렌디피티만으로 과학사를 엮어낸 책이 있을 정도로 과학적 발견에는 우연이라고 할 만한 사건들이 많습니다. 이 말은 1754년 영국 출신 문필가인 호레이스 월폴이 「세렌딥의 세 왕자」라는 페르시아 동화에 감동을 받고 친구에게 보낸 편지에서 유래합니다. 모험을 떠난 동화 속 왕자들이 의도치 않은 여러 가지 행운을 우연히 만나 곤경을 헤쳐 나간다는 내용이죠. '세렌딥'은 스리랑카의 옛 이름이고 이후 사람들은 이 단어를 행운이 따른다는 뜻으로 사용했습니다.

과학사에는 세렌디피티가 수없이 많습니다. 우리 주변에서 흔히 볼 수 있는 포스트잇 메모지나 코팅 프라이팬, 그리고 물에 뜨는 비누도 우연한 발견의 산물입니다. 심지어 많은 인류를 고통에서 구해낸 페니실린과 아스피린도 세렌디피티의 결과죠. 이 가운데 대표적인 사례를 하나 보겠습니다. '음식물이 잘 눌어붙지 않는 프라이팬' 하면 떠오르는 단어가 있습니다. 바로 테팔Tefal이라는 주방기구 이름입니다. 사실 테팔은 상품명이기도 하지만 프랑스 주방가전 회사의 이름입니다. 이 이름은 '테플론'teflon과 '알루미늄'aluminium을 조합해서 만든 겁니다. 알루미늄 팬에 테플론이라는 물질을 입혔을 뿐인데 조리한 음식이 잘 눌어붙지 않습니다. 이것이 테플론의 대표적 성질입니다.

테플론은 폴리테트라플루오로에틸렌polytetrafluoroethylene, PTFE이란 화학명을 가진 고분자 물질의 상표명입니다. 탄소가 이어진 긴 사슬에 플루오린fluorine(불소) 원자들로 둘러싸여 있는 구조입니다. 화학을 조금 안다고 하는 사람들에게는 무척 친숙한 분자 구조이기도 하죠. 만약 플루오린 대신 수소 원자가 탄소 사슬을 둘러싸고 있으면 폴리에틸렌polyethylene, PE이라는 물질이 됩니다. 폴리에틸렌은 우리 주변에서 포장지나 플라스틱 용기로 흔하게 볼 수 있는 물질이지요.

사실 테플론은 처음부터 이런 성질의 물질을 만들려고 연구를 계획한 대상이 아닙니다. 심지어 연구 목적도 처음에는 프라이팬이 아니라 냉장고였죠. 1930년대 초 미국 제너럴일렉트릭GE사는 냉장고에 사용할 새로운 냉매를 개발하기 위해 듀폰DuPont사와 합작회사를 만들고, 미국 출신 화학자인 로이 플렁킷Roy J. Plunkett, 1910~1994을 연구 책임자로 임명해 냉매 개발을 시작합니다. 플렁킷 박사는 테트라플루오로에틸렌(C_2F_4)을 염산과 반응시켜 독성이 없는 새로운 냉매인 '플루오르카본'을 만들려고 했습니다.

1938년 어느 날 플렁킷은 실험용 테트라플루오로에틸렌 기체를 실린더 통에 넣어 일정 압력을 유지하고 팽창을 막기 위해 드라이아이스를 이용해 온도를 낮춰 보관했습니다. 그런데 며칠이 지나 실린더 통을 확인하자 기체가 사라져버린 겁니다. 처음에는 실린더 통이 새서 기체가 전부 날아간 줄 알았죠. 하지만 무게를 재어보니 기체가 담겨 있던 무게와 같았고, 출구 밸브에도 이상이 없었습니다. 아마 저라면 다른 기체를 사용하려고 그저 실린더 통을 바꿨을 겁니다. 그러나 그는 냉매 연구보다 이런 신기한 현상에 더 관심을 가졌습니다. 다시 여러 차례 실험하고 결과를 확인했지만 원인을 알 수 없었죠. 결국 그는 실린더 통을 잘라보기로 했습니다. 그러자 실린더 내부 안쪽 표면에서 작고 미끄러운 흰색 왁스 조각이 나왔습니다.

이런 물질이 만들어진 이유는 특정한 압력과 온도에서 기체가 서로 합성하여 고분자 플라스틱이 되었기 때문입니다. 플렁킷은 곧 이 물질이 아주 흥미로운 성질을 지녔다는 사실을 알게 됩니다. 이 물질은 미끄러운 성질 외에 용매에도 잘 녹지 않고 산과 염기에도 강했습니다. 거의 모든 화학물질에도 반응하지 않았죠. 심지어 열에 강하고 분해도 안 됐습니다. 그래서 플렁킷은 여러 개 분자가 사슬처럼 붙어 고분자가 되었다는 의미로 '폴리'Poly라는 접두어를 붙여 이 물질에 '폴리테트라플루오로에틸렌'이라는 이름을 붙여주었습니다. 탄화수소인 폴리에틸렌 구조에서 수소 자리에 플루오린이 치환된 사슬이었죠. 그리고 상품화를 위해 붙인 이름이 '테플론'TEFLON입니다.

테플론의 발견은 우연일까, 필연일까

하지만 특이한 물질 하나를 우연히 발견했다는 것만으로 과학사에서 대표적 세렌디피티로 불리기에는 뭔가 부족합니다. 여기에 우연이 하나 더 찾아옵니다. 이쯤 되면 우연인지 운명인지 혼란스럽습니다. 당시 이 고분자 물질이 가진 특이한 성질에도 불구하고 연구를 계속하기는 어려웠습니다. 제조하기가 어렵고 비용이 많이 들어 상품성이 떨어졌기 때문입니다. 기업의 입장에서는 생산비용을 고려하지 않을 수 없지요. 하지만 곧 상황이 변합니다. 바로 이듬해인 1939년에 제2차 세계대전이 발발했기 때문이죠. 그리고 당시 미국에서 원자폭탄 연구가 진행됐습니다. 바로 유명한 원자폭탄 개발

프로젝트인 '맨해튼 계획'입니다. 폭탄 제조에는 우라늄-235가 사용되는데, 이 우라늄 동위원소 제조에는 6플루오르화우라늄이라는 강한 부식성 기체가 필요합니다. 결국 우라늄 제조 설비에서 이 가스를 안전하게 사용할 수 있는 강한 노즐과 밸브가 필요했죠. 독일보다 먼저 원자폭탄을 만들고자 한 미국으로서는 커다란 기술적 장벽인 셈입니다. 그런데 원자폭탄 계획 책임자가 우연히 듀폰사 직원으로부터 새로운 고분자 플라스틱에 대한 정보를 듣게 됩니다. 덕분에 미끈거리는 플라스틱은 연구를 이어갈 수 있었고, 전쟁 후까지 이 물질은 우라늄 제조에만 사용됐습니다.

실제로 테플론이 일상생활에 들어오기 시작한 시기는 1960년부터입니다. 물론 그 뒤에도 거듭된 실패와 연구를 통해 현재 테플론으로 발전됐습니다. 테플론은 주방기기 외에도 여러 곳에 사용됩니다. 아웃도어 의류나 제품에 사용되는 고어텍스는 섬유에 테플론을 사용한 소재입니다. 신체 안에서 거부반응을 일으키지 않는 장점 때문에 의학기술에도 응용되어 인공기관이나 인공뼈에 사용됩니다. 또한 태양으로부터 나오는 강한 복사열에 견디기 때문에 우주항공 분야에도 사용됩니다. 우연한 발견이 세상을 바꾼 경우입니다.

그런데 테플론이 유해하다는 이야기를 합니다. 하지만 정확한 사실을 살펴보면 테플론 자체가 유해한 것은 아닙니다. 테플론, 그러니까 PTFE를 프라이팬과 같은 금속에 붙일 때 과불화화합물을 사용합니다. 바로 PFOA나 PFOS입니다. PFOA(S)는 과불화옥탄산per-fluorine-octane-acid(퍼플루오로옥타노익산)으로 설폰산surfonic acid이라고도 합니다. 이 물질은 자연계에는 존재하지 않는 화합물입니다. 테플론을 붙이기 위한 접착제 역할을 하죠. 온도가 올라가면 기화되면서 해로운 성분을 배출한다고 알려져 있고, 환경 속에 방출되면 분해가 되지 않고 잔류하며 먹이사슬을 통해 결국 최종 포식자에게 쌓이게 됩니다. PFOA는 수용성이어서 체내에 축적이 잘 안 된다는 연구결과가 있지만, PFOS는 유해성이 인정되어 스톡홀름 협약에서 잔류성 오염물질로 규정한 후 그 사용량이 줄었습니다. 스톡홀름 협약은 유기 오염물질의 잔류를 최소화하기 위해 국제적으로 맺은 협약입니다. DDT나 다이옥신이 이 협약으로 2004년부터 규제되기 시작했고, 2009년에는 PFOS 등이 규제 목록에 올랐습니다. 결과적으로 발암작용을 하거나 콜레스테롤 대사를 저해한다는 이유 때문입니다.

PFOA와 PFOS는 모두 PFCsperfluorinated compounds의 종류들입니다. 우리말로는 '과불화화합물'이라고 불리는 화학물질들로 방수성 및 방유성이 뛰어나 방수나 오염방지를 위해 주로 사용됩니다. PFCs는 잔류성이 강한 물질입니다. 특히 PFOA와 PFOS는 자연상태의 반감기가 DDT와 버금가는 41년 이상으로 알려져 있습니다. 그만큼 자연적으로 잘 분해되지 않는다는 겁니다. 결국 대부분의 PFCs는 자연 상태에서 바닷물에 떠다니다가 먹이사슬을 통해 축적되고, 먹이사슬의 최종 포식자인 북극곰의 간과 뇌에서도 발견되곤 합니다. 그러니 우리 몸에도 결코 안전하다고 할 수는 없죠. 과불화화합물은 그 특수한 성질 때문에 프라이팬 외에 오염방지 카

펫, 방수 등산복 등에 사용되고, 우리가 종이포장으로 알고 있는 피자나 패스트푸드의 포장지 코팅에도 사용됩니다. 환경호르몬으로 알려져 있을 뿐만 아니라 이미 제조업체 자체적으로도 사용을 중지하려고 계획하고 있으며, 세계적으로도 규제가 점차 강화되고 있는 물질입니다. 이를 대체하는 다른 과불화화합물의 안전성 입증에 대한 논란도 계속되고 있어 사용에 주의해야 합니다. 이제 테플론에 대한 오해는 벗겨졌으리라 봅니다.

그런데 과연 테플론의 발견은 정말로 우연일까요, 아니면 필연일까요? 74억 명 인구 중에 어느 젊은 남녀 한 쌍이 만나서 사랑을 나누고 아이가 생기는 일도 그 시작과 모든 과정이 우연의 연속입니다. 그러나 사람들은 자신에게 벌어진 모든 상황을 결정론적으로 해석하기 좋아합니다. 필연이라고 포장을 해야 특이점이 생기며 관계가 특별해집니다.

어찌 보면 빅뱅 이후 초기 우주에서 양성자와 중성자가 떠돌다가 충돌해 핵을 만든 것도 우연입니다. 상상해봅시다. 엄청난 온도와 에너지로 가득한 '플라즈마 스프'라고 하는 상태에서 양성자와 중성자는 엄청난 속도로 움직였을 겁니다. 그러다가 둘이 우연히 만납니다. 두 입자가 가진 속도와 힘 그리고 방향은 미리 계산된 것이 아닙니다. 이렇듯 모든 게 우연처럼 보이지만 우연에도 조건이 있습니다. 생명의 탄생과 진화도 마찬가지겠죠. 소위 '죄수의 딜레마' 상황에서 가장 강력한 전략이라고 하는 팃포탯tit for tat이 그 배경으로 작용하는 듯 보이기도 합니다. 서로 협력할 때는 협력하되, 상대가 치면 반드시 되갚아주는 '눈에는 눈, 이에는 이' 전략입니다. 입자들의 충돌이나 세포 진화에도 이와 비슷한 패턴이 있습니다. 그렇다면 분자들이 다시 만날 확률이 충분히 커서 미래에 서로 이해관계로 얽힐 것이라고 믿었기 때문에 생명의 근원이 시작됐을까요? 오히려 이기적 입자들의 세상에서는 적당한 조건만 갖춰지면 지능 없이도 협력이 창발합니다. 그리고 이런 협력에 기초가 되는 것은 신뢰가 아니라 관계의 지속성입니다. 엄청나게 오랜 시간 동안 관계가 지속되면서 분자에서 세포로, 그리고 생명체로 진화할 수 있는 겁니다. 여기서 중요한 것은 지속가능한 어떤 것이죠.

개인적으로 비현실적 낙관론을 그리 좋아하지 않습니다. 평범한 사람이 갑자기 스타가 될 수도 없고 벼락부자가 될 수도 없습니다. 우리가 아무 일도 하지 않았는데 그럭저럭 괜찮은 인생을 살 수는 없습니다. 양성자와 중성자가 충돌하여 수소 핵이 만들어진 과정에는 우연 같지만 충돌 전에 두 물질이 가진 속도와 힘 그리고 방향이 있었습니다. 인생에서도 무언가 일어나길 원한다면 그에 적합한 속도와 힘과 방향을 가져야 합니다. 그리고 무수한 충돌을 지속적으로 시도해야겠지요. 세렌디피티도 마찬가지입니다. 우연한 발견 같은 행운에는 끊임없는 실패가 있었고, 그 실패에도 지치지 않고 연구를 거듭한 지속적인 끈기가 있었으며, 실패 원인을 들여다보는 눈과 사고가 있었습니다. 모든 과학사의 세렌디피티에 존재하는 운은 실은 요행이 아니라 뛰어난 관찰력과 지혜에서 비롯된 혜안입니다. 30년 전 비굴한 우연에 기대지 않고 지속적으로 그 사람을 향한 속도와 힘과 방향을 가졌더라면 지금 제 인생이 어떻게 달라졌을까 생각하며 미소 지어봅니다.

4

주기율표의 오류

지금은 맞고 그때는 틀리다. 과학도 그렇다

주기율표를 완성한 드미트리 멘델레예프

홍상수 감독이 독특한 형식으로 만든 〈지금은 맞고 그때는 틀리다〉Right Now, Wrong Then라는 제목의 영화가 있습니다. 이 영화는 제목만 독특한 것이 아니라 전개도 남달랐죠. 영화는 두 개의 에피소드를 차례로 보여줍니다. 각각의 에피소드는 동일 인물들이 같은 시공간에서 똑같은 상황을 반복하는 식으로 전개되는데, 두 에피소드 사이의 미세한 차이로 인해 전혀 다른 결말로 이어지는 과정을 보여줍니다. 마치 평행우주론처럼 다른 두 세계가 같은 시간의 흐름에 놓인 듯 보입니다. 기억나는 장면 중 배우들이 횟집에서 소주를 마시는 모습이 있습니다. 얼핏 보면 1, 2부에 있는 이 장면이 같아 보입니다. 소주병의 숫자, 위치까지 같습니다. 그렇지만 자세히 보면 작은 차이가 보입니다. 횟집 장면 이후부터는 여전히 같은 시공간과 동일 인물이지만 태도와 대사가 달라지기 시작합니다. 흡사 시간여행과 비슷하지만 감독만의 절제된 방식으로 관객에게 관점의 차이를 질문합니다.

저는 친구들과 이 영화를 본 후 얼굴을 마주보며 말없이 그저 웃기만 했습니다. 분명 대단한 메시지가 숨어 있는데, 그 메시지를 쉽게 설명하지 못하는 서로가 우습게 보였을 겁니다. 심지어 1부 제목은 "그때는 맞고 지금은 틀리다"로 영화 제목과는 정반대의 대결구도를 이루고 있습니다. 맞고 틀리다는 것이 무엇인가 하는 철학적 질문을 던지려는 것이겠지요. 우리는 자신의 생각은 맞고 남은 틀리다는 오류를 쉽게 범하니까요. 이 영화에 대한 반응과 해석의 스펙트럼은 꽤 넓었습니다. 그래서인지 사회 각 분야에서 벌어진 현상에 이 영화 제목을 차용한 글이 쏟아졌지요. 이번에는 과학사에 이 철학을 적용해볼까 합니다.

그때는 틀렸던 주기율표들

중국에서 판매되는 식품의 성분표에는 우리에게 익숙하지 않은 단위가 하나 있습니다. 바로 열량의 단위를 '킬로줄'kJ이라 표기하는 것입니다. 그런데 우리나라를 포함한 많은 나라들은 '칼로리'라는 단위에 익숙합니다. 중국은 틀리고 우리는 맞는 걸까요?

지금 우리는 '열'이 에너지라는 사실을 알고 있지만, 18세기만 해도 열을 물질처럼 취급했습니다. '칼로리'는 라틴어의 열을 뜻하는 '칼로르'calor라는 말에서 유래했습니다. 열의 정체를 잘 몰랐던 당시에는 열이 빛과 같은 특별한 입자 물질이며 원소라 여겨 '칼로릭'이라는 이름까지 붙였습니다. 지금은 틀린 것이지만 그때는 맞는 것이었죠. 그 당시 인류는 원자의 본질조차 모르고 있었지만, 세상을 구성하는 물질은 쪼개지지 않는 작은 원소들의 집합이라고 여겼으며, 그 미시세계에 대해서 커다란 호기심을 지니고 있었습니다.

열에 대한 호기심처럼 물질의 기원을 찾고자 원소를 탐구하던 활동을 '원소 사냥'이라 부르던 때도 있었습니다. 사냥이라고 표현한 이유는 그만큼 맞고 틀림을 반복한 치열한 경쟁이 있었기 때문이죠. 이 사냥의 중심에는 다소 엉성하고 고집스런 천재 과학자가 있습니다. 과학사의 고비에는 대표적인 과학자들이 있죠. 중력에는 뉴턴, 상대성 이론에는 아인슈타인, 전자기학에는 맥스웰과 같은 과학자가 그들입니다. 원소 사냥에도 대표 과학자가 있습니다. 원소의 주기율표를 만든 멘델레예프Dmitri Ivanovich Mendeleev, 1834~1907입니다. 그가 없었더라면 화학은 지금처럼 주류 과학으로 발돋움하기 어려웠을 겁니다. 이런 업적에도 불구하고 그는 노벨상을 받지 못했습니다. 1906년에 수상 후보에 올랐지만 프랑스의 앙리 무아상이 불소 원소를 분리하는 데 성공하면서 수상했고, 멘델레예프는 다음해를 기약해야 했죠. 하지만 아쉽게도 이듬해 그가 사망했기에 살아 있는 사람에게만 주는 노벨상은 물 건너가고 말았습니다.

멘델레예프는 화학교수가 된 지 6년 만인 1869년 「원소의 성질과 원자량의 상관관계」라는 논문을 발표합니다. 이 논문은 당시 물질의 본성에 대한 지식 기반을 흔드는 논문이었습니다. 흥미로운 사실은 이때까지 인류는 원자의 정체조차 제대로 모르고 있었다는 겁니다. 물리학에서 원자의 정체를 알아낸 건 이 시기보다 뒤였으니까요. 원자의 본질도 모르고 만든 주기율표가 맞는다면 그가 천재이거나 운이 무척 좋아야 합니다. 하지만 그는 천재도 아니고 운도 그리 좋지 않은 소위 노력형 인물이었죠. 그리고 주기율표가 온전히 그의 작품인 것도 아닙니다.

멘델레예프 이전에 스트론튬을 연구한 독일 화학자 되버라이너 Johann Wolfgang Döbereiner, 1780~1849는 이 원소가 무게는 정확히 칼슘과 바륨의 중간이고, 화학적 성질은 두 원소의 혼합물 같다는 사실을 발견합니다. 그는 이런 '세 쌍 원소'가 더 있는지 연구했습니다. 오늘날 주기율표의 세로 기둥처럼 같은 속성을 이루는 세 쌍의 존재를 탐색한 것이죠. 그가 찾아낸 세 쌍의 원소 묶음은 5개였습니다. 염소(Cl)-브로민(Br)-아이오딘(I), 리튬(Li)-소듐(Na)-포타슘(K), 칼슘(Ca)-스트론튬(Sr)-바륨(Ba), 인(P)-비소(As)-안티모니(Sb), 황(S)-셀레늄(Se)-텔루륨(Te)입니다. 그는 화학적 성질뿐만 아니라 가운데 원소가 양쪽의 두 원소 원자량의 평균과 같다는 물리적 성질도 발견합니다. 놀라운 것은 지금의 주기율표에 이 5개의 묶음이 세로줄에 들어 있다는 것이죠. 이렇게 최초의 주기율표는 되버라이너에서 시작합니다. 하지만 세 쌍의 원소에 대한 연구는 엉뚱한 방향으로 흘러갑니다. 연금술과 피타고라스에서 영향을 받은 화학자들은 모든 원소들의 질서를 찾기보다 세 쌍의 원소 개념이 적용되는 사례만을 파고들었기 때문입니다. 여태까지의 것만 옳다고 믿고 틀릴 수 있다는 것은 의심하지 않았던 겁니다. 이후 '네 쌍 원소' 이론이 나오면서 비로소 원소의 주기적週期的, periodic 성질이 본격적으로 언급됩니다.

시간이 흘러 엉뚱하게도 화학자도 아닌 어느 지질학자가 '땅의 나사'라는 개념을 내놓습니다. 1863년 프랑스의 지질학자 샹쿠르투아Alexandre-Émile Béguyer de Chancourtois, 1820~1886는 원자량에 따른 원소의 성질을 정리하기 시작했죠. 원기둥 표면에 나사 홈을 만들고 원소를 원자량 순으로 홈을 따라 배열하면 같은 수직선상에 있는 원소들은 비슷한 화학적 속성을 가진다는 이론입니다. 지금의 족族, group의 개념과 일치하는 발견이지요. 하지만 당시에는 과학계에도 서열이 있었나 봅니다. 이 서열은 결국 편견을 만들었죠. 물리학과 수학의 지위는 화학의 상위였고, 지질학은 그 아래 취급을 받았습니다. 아마도 지질학자의 의견은 서열이 낳은 편견에 의해 배척과 무시를 당했을 겁니다.

1864년 독일 화학자 마이어는 당시까지 밝혀진 49개의 원소를 배열해 표를 만들었습니다. 전자가 음극선에 의해 발견된 게 1870년이고 1897년에 와서야 톰슨이 새로운 원자 모형을 발표했는데, 사실 이 표에 표시된 특별한 순서인 번호는 이후 '원자가 전자'原子價電子의 수와 일치하는 순열이었습니다. 이 표에 되버라이너의 세 쌍 원소가 들어 있었고, 1868년에는 네 개의 원소를 더해 53개의 원소로 자신의 표를 개선했지요. 원자량이라는 물리적 성질뿐 아니라 원소 부피에 따른 주기성도 표시했습니다. 하지만 출판사의 실수로 이 표는 그의 생전에 세상에 알려지지 않았습니다. 사실 그는 멘델레예프가 이듬해 주기율표를 발표한 후에도 그의 주기율표를 개선해 멘델레예프의 그것과 유사하게 만들기도 했습니다.

1864년은 주기율표가 쏟아진 해였습니다. 잘 알려져 있지 않지만 영국 화학자 오들링도 57개의 원소를 원자량 순으로 배열해 주기율표 경쟁에 합류했죠. 이들 가운데 독특한 법칙을 제안한 영국 화학자 뉴랜즈가 돋보였습니다. 그는 같은 해 런던화학회에 논문을 발표했는데 그 논문 제목은 「옥타브 법칙」The Law of Octaves이었습니다. 원소들을 원자량 순으로 배열하면 8이란 숫자를 주기로 비슷한 성질이 반복된다는 주장을 한 겁니다. 음악의 8도 음정을 비유해 옥타브라는 용어를 차용한 것인데, 샹쿠르투아와 마이어를 비롯해 뉴랜즈도 비슷한 주기성을 확인했지만 당시 학계는 이런 관계성이 우연일 뿐이라 여겨서 무시하고 받아들이지 않았습니다. 학회 발표 당시 뉴랜즈는 학회지에 그의 논문이 실리지 않은 것은 물론이고, 학회원의 조롱을 받아 큰 상처를 입고 학문을 영원히 그만두게 될 정도였으니까요. 물론 그는 옳았고 이후 영국화학회는 그의 업적을 인정하고 메달을 수여하게 됩니다. 영국화학회가 이런 굴욕을 받아들인 계기는 바로 멘델레예프 때문이었습니다. 애석하게도 이 법칙은 가벼운 원소인 칼슘까지만 통합니다. 원자의 구조를 모르니 무거운 원소에는 적용이 안 됐지요. 현재 입시 준비를 하는 학생들이 외우고 있는 주기율표 원소가 칼슘까지입니다. 마치 틀린 주기율표 규칙을 외우고 있는 기분이 들기도 합니다.

멘델레예프가 옳았던 이유

1869년 드디어 멘델레예프가 논문을 발표합니다. 러시아화학회에서 「원소의 성질과 원자량의 상관관계」라는 제목의 논문을 공개한 거죠. 그 논문에는 표가 하나 등장하는데, 표의 제목은 '원소 체계의 개요'였습니다. 러시아 학회지는 물론 유학 시절을 보낸 독일의 학술지에도 발표되며 유럽에 알려집니다. 물론 그의 주기율표도 이전의 주기율표와 유사하게 원자량 순이었습니다. 이전의 주기율표와 대체 어떤 차이가 있었던 걸까요? 그의 주기율표는 발견된 원소만 정리했던 것이 아니었습니다. 당시까지 알려지지 않은 원소와 알려진 원소에서 원자량이 어긋나는 데 대한 의문을 제시한 거죠. 이 논문으로 이전의 모든 '주기성'이란 지식은 틀린 것처럼 보이게 되었습니다. 그렇다면 멘델레예프가 맞을까요?

그가 만든 주기율표도 지금의 것과는 달랐습니다. 멘델레예프는 고집이 셌죠. 당시에 알려진 원자량 중에 그의 주기율표와 맞지 않는 원소들이 있었습니다. 그는 자신의 주기율표가 맞고 원소의 원자량이 틀렸다고 고집을 피웠습니다. 심지어 일부 원소들은 주기를 건너뛰게 배열했고 일부는 빈칸으로 남겨두기까지 했지요. 분명 빈칸을 채울 원소가 더 있다고 주장했습니다. 그의 이론 대부분은 맞았습니다. 그 뒤로도 주기율표는 많은 변화를 겪게 됩니다. 주기율표는 세로였다가 지금의 가로 모양으로 바뀝니다. 화학자들은 40년 동안 원소들의 위치를 바꾸면서 주기율표를 수정합니다. 원자량의 순서가 주기와 맞지 않는 것이 발견되었기 때문입니다. 원자량 순서가 맞지 않는 경우는 두루뭉술하게 원자번호를 붙여 위치를 정했습니다. 화학자들에게 원자번호는 그저 순서일 뿐 그 의미까지 알지는 못했습니다. 그런데 물리학자가 이 의미를 해결했습니다. 물리학이 주기율표에서 원소의 위치를 원자량이 아닌 원자핵의 양성자 수에 따른 것이라고 밝혀냄으로써 그 분명한 의미를 찾아냅니다.

당시 학계에서는 원자론조차 확실한 게 아니어서 원자론을 믿지 않는 학자들도 있었습니다. 그러나 화학과 물리학에서는 원자를 대상으로 연구를 지속했습니다. 화학자들은 원자들 간 결합과 관계에 집중했고, 물리학자들은 원자 내부의 구성입자를 연구했습니다. 물리학은 양자역학이라는 분야로 넓혀갑니다. 양자역학의 등장은 모호하고 진부한 화학을 물리학 분야로 끌어들입니다. 순조롭게 나아가던 멘델레예프의 원자론은 죽어가고, 물리학의 양자역학이 과학을 지배했다고 해도 과언이 아니었습니다. 물리학의 압승이었지요. 하지만 멘델레예프가 이론에서 지고 틀린 걸까요?

그 전에도 여러 주기율표가 있었지만 멘델레예프가 주기율표의 창시자로 대표성을 가지게 된 것은 원자량의 정확성 때문입니다. 그는 기존에 알려진 원자량의 어긋남을 재검토하고 원자량을 변경해 원소를 배치했죠. 이런 순서의 뒤바꿈은 텔루륨을 제외하고 모두 들어맞았습니다. 물론 이런 원인이 중성자 수가 다른 동위원소 때문이란 것이 나중에 밝혀졌지만, 원자의 구조와 원리도 밝혀지지 않은 당시에 원소들을 올바른 자리에 배치한 것은 우연이라고 말하기 어려운 엄청난 노력의 결과였습니다. 덕분에 뉴랜즈의 옥타브 주기성까지 인정을 받게 만들었으니까요. 멘델레예프의 주기율표가 가지는 또 다른 업적은 존재하지만 발견되지 않은 원소를 빈자리로 두고 원자량과 화학적 성질을 정확히 예측했다는 겁니다. 이 예언은 들어맞았고 지금의 스칸듐(Sc), 갈륨(Ga), 테크네튬(Tc), 저마늄(Ge)이 발견되며 그 자리를 차지했습니다. 물론 화학적 성질도 그의 예측에 들어맞았죠. 그는 원자의 정체도 몰랐지만 원소들의 원자량과 성질을 정확하게 예측하여 화학을 예측 가능한 학문으로 발전하게 한 겁니다.

과학자가 자신의 이론이 맞는다는 증거를 모두 제시하기란 불가능에 가깝습니다. 역으로 자신의 결론이 틀리다는 것을 증명하려는 모든 시도들이 실패한다는 것을 보여주는 것이 '맞음'을 증명하는 유일한 방법입니다. 물론 틀림의 부재가 '맞음'을 (잠정적으로) 증명하지만, 한편으로 틀림의 존재는 새로운 '옳음'을 만들기도 합니다. 이쯤 되면 맞고 틀리는 것의 경계가 모호해집니다. 어쩌면 지금은 맞고 그때가 틀렸다는 말과, 그때는 맞고 지금은 틀렸다는 말은 동어반복이 아닌가 싶습니다. 어떤 일을 어떻게 바라보고 해석하는가에 따라 의미가 달라질 수 있습니다. 되버라이너처럼 세 쌍의 원소가 틀림없다는 생각에서 의심을 품지 않고 '틀림'을 찾지 않았던 시간보다, 끊임없이 의심하고 질문을 던지며 '틀림'을 찾아내는 시간 때문에 우리는 진실에 가까이 갈 수 있었던 것인지 모릅니다. 우리 삶도 마찬가지가 아닐까 합니다. 시간과 공간 그리고 상황에 따라 달리 해석되는 사실을 옳고 그름의 프레임에 갇혀 자신의 생각을 의심조차 하지 않고 주장만 한다면, 다른 진실을 만나지 못하고 거부하는 맹신자와 다를 바가 없습니다. 늘 스스로를 의심해야 다른 이의 진실도 보이는 법이지요.

5

욕망의 DDT

말라리아 잡은 특효약, 인류에게는 축복이자 재앙

유기화학의 출발점이 된 윌리엄 헨리 퍼킨 경

"우리는 미래를 보는 눈을 잃어버렸고, 인간은 결국 자연을 파괴시키는 끝장을 보게 될 것이다."

평화롭고 아름답기만 한 시골마을이 어느 날 갑자기 원인 모를 질병과 죽음으로 고통받는다는 이야기로 시작되는 레이첼 카슨의 『침묵의 봄』 책 표지에는 그녀가 알베르트 슈바이처 박사에게 책을 바치며 쓴 이런 글이 적혀 있습니다. 책 제목은 인간이 만든 DDT 살충제로 생태계가 파괴되어 새가 울지 않는 조용한 봄을 말합니다. 당연히 자연을 파괴한 DDT의 대표적인 수혜자는 인간이었습니다. 바로 말라리아 환자들입니다.

제가 적십자 '헌혈의집'을 다닌 지도 20년 가까이 됩니다. 헌혈을 시작하게 된 거창한 동기는 없었지만, 헌혈증서를 수집하는 재미도 있었고 그 과정에서 제가 모은 얼마 되지 않는 헌혈증으로 가까운 사람에게 큰 도움을 준 경험이 있어서 헌혈을 지속할 수 있었습니다. 그런데 이사를 하고 한동안 헌혈을 할 수 없다는 사실을 알게 됐죠. 경기도 북부인 파주와 일산은 말라리아 발생 지역이었고 해당 지역 주민들은 한동안 헌혈이 제한됐습니다. 당혹스러운 이유는 말라리아란 열대지방이나 아마존과 같은 우림에나 있을 법한 질병이고, 제가 사는 곳과는 관련 없는 다른 세계의 일이라 생각했기 때문입니다. 대부분의 사람이 말라리아라고 하면 지구촌 사회의 현대화가 한창이던 1970년대에 종식된 질병으로 생각하기 쉽지만, 말라리아는 1990년대 후반 다시 유행하기 시작해 매년 수많은 사망자를 내는 현재진행형 전염병입니다.

2020년에 그동안 인류가 접하지 못했던 바이러스의 등장으로 모든 관심이 코로나19로 모이면서 상대적으로 말라리아 치료에 대한 예산과 약품 공급이 줄었습니다. 이로 인해 전년도에 비해 말라리아 감염자는 물론 사망자가 두 배 이상 증가할 것으로 예측됐죠. 이 숫자는 코로나19 바이러스 사망자의 4배에 달하는 무시할 수 없는 숫자입니다. 바이러스의 세계적 유행은 인류 사회의 경제적 차이나 지역적 소외를 무시하고 상대적으로 공평하게 나타납니다. 하지만 말라리아는 여전히 아프리카 지역과 같은 소외 지역과 계층에 집중해 있다는 사실을 알아야 합니다. 현재 DDT가 잔류성 유기화합물로 지정되어 사용이 금지됐지만, 사실 이 약물의 출현은 당시 인류의 구원이었고 평등이었습니다. 수많은 인류가 혜택을 얻었습니다. 이를 가능하게 한 것이 과학이었죠. 하지만 더 깊게 들여다보면 과학이 인류의 욕망을 실현한 도구라는 생각을 지울 수 없습니다.

말라리아와 화학의 기묘한 관계

말라리아는 플라스모디움이라는 기생충이 얼룩날개모기류를 통해 인간의 혈액에 유입되어 적혈구를 녹여버리는 무서운 질병입니다. 말라리아는 질병임에도 의학보다 화학을 연상하게 합니다. 이는 염소계 화합물인 DDT 때문이기도 하지만, 말라리아 자체가 화학과 깊은 인연을 가지고 있기 때문일 겁니다. 결론부터 꺼내면 말라리아로 시작한 인간의 욕망이 지금의 화학을 완성했다고 볼 수 있습니다. 대체 이들은 어떤 관련이 있었던 걸까요.

말라리아가 화학을 움직이게 한 시공간으로 거슬러 가보려면, 19세기 유럽이 적당해 보입니다. 그 이전의 화학은 과학이라고 말하기 어려운 연금술이었으니까요. 물론 연금술을 주술적 행위로 폄하하는 것은 아닙니다. 비록 납을 금으로 만들지는 못했지만, 연금술에서 쓰인 화학적 실험방법과 도구들은 현대 화학에 많은 기여를 했으니까요. 당시 빅토리아 여왕이 지배한 제국주의 영국은 '해가 지지 않는 나라'라는 별명이 붙을 정도로 영토 확장이라는 욕망에 집중합니다. 이런 욕망은 비단 영국뿐 아니라 프랑스도 마찬가지였죠. 그런데 그 욕망의 앞길에 걸림돌이 나타납니다. 바로 말라리아였죠. 프랑스가 파나마 운하 건설을 포기한 것은 이 질병이 얼마나 위력적인지 보여주는 대표적 사례입니다. 영국도 동남아, 인도, 아프리카를 정복하면서 말라리아로 많은 인명을 잃었고, 결국 말라리아 치료제를 찾게 됩니다. 이미 곤혹을 치렀던 프랑스에서 신코나 나무껍질 추출물인 퀴닌Quinine 성분이 치료와 예방에 효과가 있다는 것을 발견합니다. 퀴닌은 칵테일로 잘 알려진 진토닉에 들어가는 토닉워터의 주성분이기도 하죠. 영국은 아프리카 식민지로부터 이 원료를 조달합니다.

하지만 자연으로부터 얻는 재료의 양은 턱없이 부족했고 욕망은 다시 일어납니다. 영국은 말라리아 치료제를 약으로 만들면 엄청난 부를 가져다줄 거라 생각했고 '로열 칼리지 오브 케미스트리'라는 학교를 런던에 세우게 됩니다. 이 학교는 나중에 명문대학 화학과의 시초가 되지요. 사실 영국이 부에 대한 욕망 때문에 학교를 세운 것은 새삼스러운 일이 아닙니다. 유형적인 것뿐 아니라 무형적인 가치도 돈이 될 수 있다고 생각하고 모든 것을 자본과 교환하기 시작한 터전이 영국이기 때문이죠. 당시 학생 중에는 천재라 불리던 18세의 윌리엄 퍼킨William Henry Perkin, 1838~1907이 있었습니다. 그는 석탄의 콜타르를 솔벤트에 녹이고 태워서 신코나 나무에서 나온 화합물과 비슷한 원소 비율의 유기화합물을 찾아내는 연구를 합니다. 하지만 이 물질이 정확히 퀴닌은 아니었죠. 솔직히 당시에는 어떤 분자인지 알 수도 없었습니다. 당시의 화학은 과학의 한 분야라고 말할 수 없을 정도로 지금과는 매우 달랐습니다. 물론 주술적 성격을 가진 연금술은 18세기 들어와서 프랑스 과학자 라부아지에에 의해 실험적 원소 개념이 나오면서 막을 내렸지만, 이 시기는 반응물을 원소 비율 정도로 분리하던 시기였지 지금처럼 분자의 화학구조가 있다는 것조차 몰랐을 때입니다. 그러니까 퍼킨이 라부아지에 방법으로 발견한 물질도 퀴닌과 원소 비율만 비슷했지 퀴닌과 같은 화학구조를 갖지는 않았지요. 이 말은 물이 수소와 산소로 이루어진 HO라고 알고 있는 것과 같습니다. 지금의 우리가 알고 있는 H_2O 화학구조처럼 수소 원자 두 개가 있다는 것을 모르던 시기였지요.

그런데 어느 날 퍼킨은 바닥이 난 석유 솔벤트 대신 알코올을 사용했다가 콜타르가 보라색으로 바뀌는 것을 관찰합니다. 실수로 보라색 염료가 만들어진 겁니다. 지금 생각해보면 염료의 발견에 호들갑을 떨 일이 아니지만, 과거 인류 세계는 대부분 무채색이었을 것이고 아름다운 색들은 그만큼 귀했을 겁니다. 귀한 만큼 색은 상류층의 전유물이었겠죠. 자연으로부터 얻은 염료는 채도가 다소 떨어집니다. 지금의 인공합성 염료처럼 화려하고 선명하지 않죠. 특히 아름다운 보라색을 내는 염료는 자연에서 얻기 힘들었고, 설사 있다 해도 추출이 쉽지 않았을 겁니다. 고대 그리스와 로마 시대에 유행하던 보라색 천연염료는 지중해 동부의 티레tyre 해안에 서식하는 바다달팽이인 고둥의 체액을 가공해서 생산했으며, 그래서 이름을 티리안 퍼플Tyrian purple로 불렀습니다. 문제는 그 양이 턱없이 적었다는 겁니다. 1만 2천 마리의 고둥에서 채취할 수 있는 천연염료의 양이 1밀리그램 정도였으니까요. 바다 생명체는 물론 채취하는 사람에게도 고통이었을 겁니다. 물론 그 혜택을 향유하는 건 귀족뿐이었죠. 보라색을 귀족의 색이라 칭한 것은 괜한 이야기가 아닙니다.

그런데 퍼킨에 의해 천 년간 사용해온 천연염료의 대안으로 최초의 화학합성 염료가 만들어진 것이고 인공으로 대량 생산할 방법을 찾은 거지요. 아직 염료의 완벽한 성분은 몰랐지만, 화학은 이렇게 자연과 인류를 구원하게 된 셈입니다. 이런 사례는 화학사 곳곳에 보입니다. 질소비료 합성은 인류의 생명을 구한 격이었고, 석유 발견으로 등불기름의 원료였던 향유고래 포획이 중지되었으며, 플라스틱의 등장으로 더 이상 코끼리 상아를 뽑지 않아도 됐습니다. 화학이 이 지점에서 멈추었으면 좋았을 텐데, 늘 인간의 욕심은 선을 넘곤 합니다. 여기에 퍼킨의 욕망이 더해집니다. 당시 빅토리아 여왕이 보라색을 좋아했다는 사실은 그의 야망에 날개를 달아줍니다. 그는 말라리아 치료제 연구를 접고 회사를 세워 염료 사업을 시작합니다. 물론 빅토리아 여왕이 첫 고객이었죠. 보라색 염료는 그를 돈방석에 앉힙니다. 이 보랏빛 유기염료를 퍼킨 모베인Perkin Mauveine으로 불렀을 정도였으니까요. 연한 자줏빛을 뜻하는 프랑스어 모브mauve와 모베인은 영어 퍼플보다 더 널리 보랏빛을 대표하는 말이 되었습니다.

다른 영국 화학자들은 퍼킨의 성공을 보고 자연에서 발견하지 못한 인공화합물이 돈이 된다는 사실을 알게 됩니다. 이 사건이 화학산업의 효시가 된 셈이고 화학을 이용한 사업은 전 유럽으로 유행처럼 번져 나갔습니다. 우리가 알고 있는 유럽의 제약 및 화학 회사가 대부분 이 시기에 생겨나지요. 당시의 유기화학은 물리학처럼 체계적인 이론과 방정식으로 뒷받침된 것이 아니었지만, 동식물에서 얻는 유기물 재료를 통해 끊임없는 실험과 시행착오를 겪어가며 나름의 체계를 잡아갑니다. 우리가 알고 있는 치료제가 대부분 그렇게 만들어집니다. 해열제인 아스피린도 버드나무에서 추출하기 시작해 당시에 설립된 바이엘이라는 회사에서 아세틸살리실산으로 만들어졌지요.

하지만 여전히 화학은 실험 수준이었고 물질의 피상적인 모습만 훑어볼 수 있었기에 유기화학의 발전은 더뎠습니다. 말라리아 치료제도 여전히 합성되지 않았고 아직 인류는 분자를 다룰 수 없었습니다. 물질이 분자라는 구조를 가진다는 것조차 몰랐으니까요. 어쩌면 연금술과 그리 다를 바 없는 유기화학은 100년이란 시간을 지루하게 보내고 20세기 초에 와서야 큰 변화를 맞이합니다. 그 변화에는 물리학에 의해 원자의 세부 구조를 설명하고 양자역학의 완성으로 원자의 화학적 특성을 이해하게 된 배경이 있었습니다. 원자가 모여 분자를 이루면서 물질의 특성이 생겨난다는 것도 알게 되었고, 공유결합과 이온결합 같은 원자 간 연결도 이해하기 시작했지요. 분자구조의 개념이 비로소 정립되기 시작한 겁니다. 화학은 양자역학의 응용에 불과하다는 물리학의 환원주의적 주장도 이때 등장하는데, 그만큼 화학의 이해에는 물리학의 영향이 컸습니다.

욕망의 화학을 넘어서

1944년 미국 하버드 대학의 로버트 우드워드 교수는 화학계의 숙원 과제인 퀴닌 분자를 합성하게 됩니다. 단순히 말라리아 치료제를 합성한 업적을 넘어 분자를 자유자재로 다루게 되면서 유기화학을 새롭게 정립하게 된 겁니다. 이처럼 말라리아는 화학의 출발과 확립을 관통하는 길목에 서있었습니다. 이제 인류는 상상하는 그 어떤 분자라도 만들 수 있게 되었습니다. 자연의 거대한 힘을 흉내 낼 수 있게 된 유기화학의 확립은 인간의 욕망에 날개를 달아줍니다. 화학산업이 성장하여 플라스틱이라 부르는 합성수지가 등장하고, 그와 동시에 화학은 제약산업으로 번져갔습니다. 신약이 셀 수 없이 만들어져 인류의 수명 연장을 실현했죠. 지금까지 우리가 알고 사용하고 있는 유기화합물은 대부분 100년도 안 되는 짧은 시기에 만들어진 것들입니다.

오래전부터 아메리카 원주민은 주목의 나무줄기에서 추출한 천연성분을 염증 치료에 사용했습니다. 특히 미국 캘리포니아에서 자생하는 주목에서 추출한 택솔Taxol 성분은 유방과 난소의 종양 치료에 탁월한 효과가 있다고 알려져 있었죠. 하지만 주목의 성장속도가 너무 느리고 추출량이 많지 않은 한계가 있었습니다. 자연에서 뭔가를 얻으려 할 때마다 늘 부딪히는 문제입니다. 예를 들어 1밀리그램의 택솔 성분을 얻으려면 수많은 주목을 베어내야 합니다. 그러나 지금은 택솔 분자를 인공적으로 합성해 인류와 자연 모두 혜택을 보게 되었습니다.

현대 화학은 물질의 기본 단위인 원자 혹은 분자 수준으로 물질을 다룰 수 있을 정도로 정교해졌습니다. 팔리톡신Palytoxin은 바다 말미잘에서 처음 분리했는데 복어 독보다 강한 맹독성 물질로 분자식은 $C_{129}H_{223}N_3O_{54}$이고 분자량은 2,680이나 됩니다. 생체 고분자 중에 구조식이 명확한 천연 유기화합물 중 가장 큰 부류에 들어갑니다. 그런데 인류는 자연을 흉내 내어 이 거대 분자를 합성했습니다. 이제 인류의 능력을 통해 화학적으로 합성할 수 있는 분자가 자연이 창조할 수 있는 것보다 훨씬 더 많아진 셈이죠. 이 말은 이미 존재했던 물질을 자연의 힘이 아닌 인간의 힘으로도 만들 수 있다는 것이고, 존재하지 않았던 새로운 물질도 만들 수 있다는 것을 의미합니다.

그런데 최근 화학은 말라리아만큼 공포의 대상이 되고 말았습니다. 화학 공포를 의미하는 '케모포비아'chemophobia라는 신조어가 나오기도 하고, 화학물질이 들어간 제품을 혐오하는 노케미족No-chemi族도 등장했습니다. 수천 명에 달하는 사망자를 낸 가습기 살균제 사건은 사고라기보다 참사에 가까웠고 아직도 고통받는 사람들이 있습니다. 무분별하게 사용된 플라스틱은 부메랑이 되어 인류를 역습합니다. 과거 말라리아 같은 전염병을 퇴치하고 농작물 생산에 이바지를 한 DDT도 분해되지 않고 지금까지 토양에 남아 우리의 몸속으로 들어오고 있습니다. 항생제에 내성을 가진 슈퍼 박테리아가 등장하기도 합니다. 당연히 두려울 수밖에 없지요.

화학의 역사를 돌이켜보면 수천 년을 지배했던 연금술 시기로부터 지금의 화학산업 전성기까지 화학은 인간의 욕망에 닿아 있었다는 것을 알게 됩니다. 물론 물질의 근원을 이해하기 위해 탐구했던 과학정신도 있었지만, 영원한 부와 생명을 얻기 위한 인간의 욕망으로 화학은 시작되고 지속한 겁니다. 자연은 경쟁 상대가 없는 거장이지요. 그런 자연이 만든 물질의 분자구조를 미세하게 변형할 수 있는 인류의 능력은 분명 축복일 수 있습니다. 질병에 대항해 인류의 생명을 연장하는 신약을 만들 수도 있고, 자연에 존재하지 않았던 물질로 인류의 삶에 편의와 부를 가져다줄 수도 있으니까요. 하지만 인류의 과학적 능력이 모든 일을 쉽고 이롭게 만드는 것은 아닐 겁니다. 한계가 없는 듯 보이는 이 능력이 욕망의 만족에 머무른다면 자연과 인류를 공격하는 침묵의 재앙은 반복될 겁니다.

그렇다고 우리의 삶이 무작정 화학에 대한 공포와 혐오로 점철되어도 좋을까요? 화학 혐오도 공포도 일정 부분 소비자의 무지에서 비롯된 점이 있습니다. 물론 소비자도 과학적 사고로 실체를 들여다봐야 할 능력을 키워야 하지만, 거기에는 한계가 있고 그 부담을 온전히 져야 할 의무도 없습니다. 공포와 불안은 알아야 할 것이 알려지지 않은 또 다른 침묵으로부터 나옵니다. 레이첼 카슨도 경계를 넘어버린 오만한 기업과 정부에 항의했지만 받아들여지지 않자 작품으로 더 많은 시민에게 알렸지요. 과학과 관련한 모든 이해관계자가 침묵을 깨고 사실을 알려야 하고 윤리와 도덕, 환경의 정의를 고려하며 공정하게 나아가야 합니다. 우리는 정확한 사실을 알아야 하고 미래를 보는 눈을 가질 권리가 있습니다.

II부

세상을 보다

이 세상은 설명하기 어려울 정도로 복잡하고 때로는 신비에 가려져 있다. 그래서 인류는 과학이란 도구로 이 세상을 도마 위에 올려 더 이상 자를 수 없는 크기로 쪼갠 기본적인 요소로 세상을 설명하거나 적어도 그 집합으로 세상을 이해할 수 있다는 환원주의를 선택했다. 그 결과 이 세상은 백 개 남짓한 원소들로 이뤄졌고 그 원소들이 조합해 만들어진 물질로 만들어졌다는 것을 발견했으며, 물리학으로 모든 것을 설명하는 환원 논리를 대부분의 과학 분야에 적용하기도 했다. 물론 이런 진보적 생각이 세상의 많은 부분을 설명하기도 했지만 그게 전부는 아니었다. 인류는 진보하고 있지만 세상은 점점 나빠지고 생존의 위기를 걱정한다. 이것은 미세먼지의 크기와 성분을 알아내고 세상에 없던 물질을 발견한다고 해서 해결될 일이 아니다. 지금 세상이 이런 모습을 가진 원인은 물질이 아니라 인간의 욕망에 있지 않을까. 어쩌면 이 세상을 제대로 보기 위해서는 좀 더 깊고 넓은 시야가 있어야 하지 않을까. 음식에 들어간 재료를 안다고 해서 그런 맛이 나는 이유를 전부 알 수는 없고, 밤하늘에 떨어지는 별똥을 자세히 보려고 망원경으로 들여다보면 오히려 볼 수 없는 것처럼 말이다. 그래서 통찰이 필요하다. 통으로 관찰해야 전모가 드러난다.

6

만년필의 과학

알아두면 쓸데없는 신비한 만년필 잡학

루테늄을 원소로 분리한 카를 클라우스

요즘 세대 간 차이와 갈등은 언어에서도 확연하게 드러납니다. 아이들이 쓰는 언어를 이해하지 못하는 어른들은 아이들과 소통이 되지 않으니 당연히 그 세대의 정서를 이해하기 힘들겠죠. 새로운 세대의 대표적인 언어 습관이 단어를 줄여 쓰는 겁니다. 편리함이 우선인 세대에게는 굳이 어려운 단어나 긴 문장을 쓰지 않고 줄여 써도 의미에 대한 합의가 있다면 충분히 소통이 되기 때문입니다. 보수적인 미디어인 방송에서도 이런 현상을 볼 수 있습니다. 한동안 '알아두면 쓸데없는 신비한 잡학사전'이란 긴 이름을 유행에 맞춰 '알쓸신잡'이라 줄인 제목의 예능 프로가 인기였습니다. 이 프로에서는 여러 분야 전문가들이 정해진 주제 없이 지식의 내공을 수다처럼 늘어놓았는데 여간 재미난 게 아니었습니다.

제가 사는 동네에는 책과 술을 좋아하는 선배 한 사람이 있습니다. 이 프로에 출연해도 손색없을 정도로 다양한 분야에 깊은 지식을 가지고 있지요. 술자리에서 꺼낸 사소한 소재는 지식과 철학으로 살이 붙어 훌륭한 안주로 변합니다. 어느 날 술자리 분위기가 무르익자 선배가 무언가를 꺼내 사람들에게 나눠주더군요. 이 선배는 술에 취하면 소지품을 나눠주는 특이한 술버릇이 있습니다. 그때 가방에서 우연찮게 만년필이 나왔습니다. 바로 이어진 만년필에 대한 그의 지식은 덤이었죠. 사물에 대한 애정이 없었다면 만년필에 대해서 그런 많은 상식은 없었을 겁니다. 만년필 종류별 필기감에 대한 그의 경험은 깊었습니다.

세상에는 '문구 성애자'가 많지만 유독 만년필에 대해서는 그 정도가 심한 듯합니다. 사실은 저도 그런 경우에 해당합니다. 이유는 만년필 펜촉이 원고지 위를 지나가며 만들어내는 독특한 소리와 느낌 때문입니다. 펜촉에 가해진 압력으로 금속과 종이가 마찰을 하며 잉크가 종이에 배는 소리를 온몸의 감각으로 예민하게 느낍니다. 순간, 필기도구도 마치 긴 문장이나 어려운 단어처럼 나이든 세대의 전유물이 아닐까 생각을 해봅니다. 만년필이 아무리 감각적 소리가 좋다 해도 잉크를 교환하고 세척해야 하는 등 여간 번거로운 게 아니기 때문이죠.

만년필에 숨어 있는 과학 이야기

만년필 펜촉이 만들어내는 소리는 만년필에 숨어 있는 과학의 산물이기도 합니다. 이제 만년필 애호가답게 그 숨은 과학에 대한 '알쓸신잡'을 풀어볼까 합니다. 만년필의 펜촉을 '닙'nib이라 부릅니다. 만년필에서 '닙'은 가장 중요한 부분입니다. 잉크가 묻어나오는 '닙'에는 공학적으로 '기다란 홈'과 '구멍'이 있는데, 그 부분에서 일어나는 모세관 현상을 통해 잉크를 종이로 전달합니다. 그리고 잉크와 종이 성질에 따라 증발과 흡수작용으로 종이 위에 선이 생깁니다.

같은 필기구이지만 연필은 다른 원리입니다. 연필은 식물성 섬유인 셀룰로스가 겹겹이 포개진 종이 표면의 틈새로 흑연 덩어리에서 떨어져 나온 얇은 조각들이 붙는 방식입니다. 하지만 만년필은 '닙'을 타고 흘러나온 잉크가 종이 깊이 방향의 미세한 공간으로 침투해 일어나는 물리적인 현상으로 자국이 생기는 거죠. 그래서 종이가 잉크를 빨리 흡수해 번지지 않고 바로 마르는 게 중요합니다. 그러기에 만년필 애호가는 잉크뿐만 아니라 잉크가 배일 종이에까지 예민할 수밖에 없습니다.

'닙'의 모양과 재질은 만년필의 역사 그 자체입니다. '닙'은 고대 이집트 문명에서 비스듬하게 자른 갈대 줄기 끝부분에 기다란 홈을 만들고, 그 틈으로 잉크가 올라가는 모세관 현상을 응용해 탄생합니다. 다음으로 그 재질이 깃털로 바뀌고, 다시 금속이 대신합니다. 오늘날과 같은 '닙'의 형태는 19세기 중반에 나왔지요. 이후 1884

년 미국인 워터맨이 '닙'에다 잉크통을 달아 만년필을 만들었습니다. 그래서 지금도 튜브나 피스톤 형태로 된 잉크통을 배럴barrel이라 부릅니다. 그런데 비슷한 시기에 타자기라는 새로운 도구가 세상에 나왔고, 만년필은 사람들에게 별 호응을 얻지 못합니다. 마치 요즘 휴대형 전자기기 때문에 펜이 설 자리가 줄어든 것과 비슷합니다.

그런데 사람들 사이에 만년필에 대한 각별한 애정이 생긴 사건이 생깁니다. 1941년 케네스 파커가 역사상 가장 아름다운 제품인 '파커51'을 세상에 선보인 겁니다. 그런데 이 제품의 출시 초기에는 '닙' 끝의 종이와 직접 맞닿는 '팁'을 금으로 만들어 필기감은 부드러웠지만 금이 무른 금속인 까닭에 변형이 심해서 쉽게 망가졌죠. '팁'은 펜촉 끝에 덧씌우는 둥근 모양의 금속입니다. 결국 연구 끝에 재질을 이리듐과 오스뮴의 합금인 오스미리듐으로 개선합니다. 요즘은 '닙' 몸체를 주로 금과 스테인리스 또는 티타늄이나 팔라듐으로 하고, 종이와 맞닿는 '팁'에는 잘 마모가 되지 않는 백금족 합금원소를 사용합니다. 오스뮴이나 이리듐은 원소 자체가 희귀해서 대체 물질이 필요했고, 새롭게 찾아낸 것이 '루테늄'(Ru)입니다. 루테늄은 은백색을 띠는 단단한 금속입니다. 주기율표의 8, 9, 10족에 속하고 5주기와 6주기에 해당하는 원소들을 통틀어 백금족 원소라 하는데, 루테늄도 이 백금족 원소의 하나입니다.

원소 사냥을 통해 주기율표 빈칸이 채워졌던 시기에 루테늄 발견을 둘러싸고 싸움이 벌어집니다. 1700년대 중반 백금이 원소로 확인되고, 이후 백금 광석에서 팔라듐, 로듐, 오스뮴, 이리듐이 발견되었습니다. 백금족 원소에서 가장 늦게 발견된 원소가 루테늄인데, 여러 과학자가 자신이 최초 발견자라고 주장합니다. 그만큼 순수한 원소로 분리하기가 어려웠다는 얘기겠죠.

가장 처음 발견을 주장한 사람은 1808년 폴란드 화학자 시니아데츠키Jędrzej Śniadecki이고 베스튬vestium으로 명명하여 발표했지만, 그의 논문에 어느 누구도 관심을 갖지 않았고 확인도 동의도 하지 않았습니다. 당시 유럽 열강은 일련의 사건으로 전쟁의 위기를 가까스로 넘긴 터였고 모두가 전면적인 전쟁의 발발이 멀지 않았음을 인식하던 시기였기에, 그의 연구도 폴란드인에 대한 곱지 않은 시선을 피해갈 수 없었나 봅니다. 폴란드어로 된 그의 논문은 스스로 철회해 세상에서 사라집니다.

이후 1827년에 독일 화학자 오산Gottfried Osann은 왕수에 녹인 루테니아산産 백금 원석 찌꺼기에서 세 가지 금속인 플루라늄pluranium, 폴리늄polinium, 루테늄ruthenium을 발견했다고 주장합니다. 하지만 같은 시기에 백금 원석을 연구하던 베르셀리우스에 의해 플루라늄과 폴리늄은 이미 알려진 원소의 금속 혼합물로 밝혀졌습니다. 그와 달리 루테늄은 새로운 물질이었지만 당시에는 금속 산화물로 여겨졌죠. 루테늄을 새로운 원소로 최초 확인한 사람은 러시아 화학자 카를 클라우스Karl Ernst Claus, 1796~1844였습니다. 클라우스는 오산의 업적을 기리기 위해 자신이 분리한 원소명을 그대로 루테늄으로 놓아두었습니다. 오산과 클라우스가 활동하던 곳이 지금은 에스토니아에 속하지만 당시에는 러시아였고, 러시아의 라틴명이 루테니아

Ruthenia이기 때문이었죠. 이런 연유로 사람들은 대개 클라우스를 최초 발견자로 보지만 여기에는 아직도 논란의 여지가 있다고 합니다.

루테늄은 알아도 쓸데없을 것 같은 생소한 원소지만 우리는 그동안 루테늄의 덕을 톡톡히 봤습니다. 컴퓨터에는 데이터를 기록하고 보관하는 저장장치가 있습니다. 최근에는 반도체 메모리의 용량이 늘어나면서 SSDSolid State Drive를 사용하지만 얼마 전까지만 해도 HDDHard Disk Drive 사용이 대세였죠. 하드 디스크는 플래터Platter라는 하드 디스크 원반에 자성층magnetic layer을 이용해 정보를 저장하는 보조기억장치입니다. 중앙처리장치인 CPU나 메인 메모리인 램RAM은 반도체 기술로 속도와 용량이 두 배씩 커지는 반면, 하드 디스크는 자기 디스크를 기계적으로 회전시켜서 데이터를 처리합니다. 아무리 빠른 회전도 반도체 처리 속도를 따라갈 수가 없습니다. 게다가 소형화하기도 힘들었죠. 어느 날 이런 문제가 IBM 개발자에 의해 해결됐는데, 하드디스크의 자성층 사이에 원자 3개 정도의 높이로 얇은 막을 만들어 기억 용량을 4배로 증가시킨 것입니다. 그들은 이 물질을 요정의 먼지라 해서 '픽시 더스트'Pixie dust로 불렀습니다. 정말 요정이 다녀간 것처럼 컴퓨터가 빨라졌고 이것을 가능하게 한 물질이 바로 루테늄입니다.

이야기를 쓰는 도구가 이야기가 될 때

다시 만년필 이야기를 이어갑니다. 모든 금속 '닙'은 또 다른 금속을 덧씌워 만듭니다. '닙'이 잘 녹슬지 않는 것은 표면에 코팅이 되어 있기 때문입니다. 덧씌우는 금속이 없으면 '닙'은 종이와의 마찰로 표면이 쉽게 닳고 잉크와의 화학반응으로 금방 부식될 겁니다. 사실 고가의 만년필이 훌륭한 제품이지만, 보통 만년필도 기능적으로는 큰 차이가 없습니다. '모든 사람들이 가지고 싶어 하는 만년필'인 몽블랑이나 저가 만년필이나 마찬가지입니다. 제가 평소에 사용하는 보급형 만년필조차 비록 '닙'은 스테인리스 합금이지만 '팁'은 백금류 금속이며 기능적으로는 전혀 부족하지 않습니다. 하지만 오늘날 만년필은 기록을 위한 도구라기보다는 소장하고 신분을 과시하는 용도로 자리매김을 하고 있습니다.

파커 만년필이 유행했던 시절에 특별한 잉크가 있었습니다. 잉크는 빨리 마르는 것이 생명입니다. 빨리 마르는 데는 종이뿐만 아니라 잉크 자체의 물성도 중요하지요. 빨리 마르는 잉크라는 뜻의 '퀑크'Quink, Quick dry Ink라는 상표가 있습니다. 빨리 마르도록 잉크 용매에 알코올을 첨가한 겁니다. 잉크의 색을 결정하는 것은 염료인데 이 경우에는 염료가 용제에 완전히 녹아 있지요. 그래서 발색은 좋지만 염료가 종이의 섬유질 깊숙이 침투하기 때문에 번지는 현상이 일어납니다.

또 만년필 애호가들이 특별하게 취급하는 '블루블랙 잉크'가 있습니다. 처음 쓸 때는 푸른빛인데 시간이 지나면 검게 변하는 잉크입니다. 잉크의 주 원료는 바로 철(Fe)입니다. 전자 2개를 잃은 2가인 철 이온이 종이의 섬유질에 스며들어 다시 산소와 결합하고 전자를 하나 더 빼앗겨서 3가 철 이온이 됩니다. 이때 잉크 안의 '타닌' tannin 성분과 결합을 하면 검은색을 띠게 됩니다. 타닌 성분은 밤의 속껍질에서 떫고 쓴 맛을 내는 페놀 화합물입니다. 이 떫은맛을 내는 타닌을 얻기 위해 너도밤나무과 식물에 생기는 벌레의 혹인 '몰식자'沒食子, gallnut에서 타닌을 추출해서 '몰식자잉크'라고도 합니다. 이 잉크가 마르면 태양광에 의한 탈색이 적고 내수성이 좋아 오래도록 보존이 됩니다. 요즘 컴퓨터의 대용량 저장장치에 비해 원시적인 2차원 저장장치인 종이에 기록된 문서가 더 오래 보존되는 이유입니다.

이런 만년필 지식이 우리가 살아가는 데 딱히 쓸데없어 보이지만, 세상에 쓸데없는 지식은 없습니다. 미래를 위해 중요하게 여겨지는 창의성은 무에서 유를 만드는 것이 아니고 이런 쓸데없을 것 같은 근거들에다 인문학적 시각과 논리라는 지식이 붙고, 거기에 예술적인 혼이 입혀지면서 새로운 이야기로 탄생하는 것이기 때문입니다. 이야기가 중요한 이유는 미래의 본질이기 때문입니다. 4차 산업혁명과 함께 인공지능이 인류의 생활영역 안에 들어올 거라고 합니다. 대부분의 사람들은 다가올 미래 시대에 뒤쳐지지 않으려고 미래가 요구하는 일종의 '스펙'을 쌓는 데 관심을 가집니다. 인공지능 프로그램을 배우면 될까요? 창의적 인간이 필요하다는데, 창의력은 어떤 공부를 통해 얻을 수 있을까요? 어쩌면 생각보다 단순한 곳에 답이 있습니다. '이야기'는 오직 인간만이 할 수 있는 능력입니다.

제가 중학생이 되자 아버지는 쓰시던 파커 만년필을 저에게 주셨습니다. 그 뒤로 교과서와 공책 여백에는 만년필로 쓴 낙서, 그림 따위가 가득 차게 됩니다. 지금은 그 만년필도, 그 잉크 흔적도 남아 있지 않습니다. 아마도 만년필에 대한 사랑이 생긴 이유가 사각거리는 그 소리보다는 잃어버린 추억과 유품에 대한 그리움에 있는지도 모르겠습니다. 아무나 갖지 못하는 걸 가지고 있다는 소중함을 뒤늦게 알게 된 거죠. 누군가에게 만년필은 이야기를 쓰는 도구이지만 저처럼 그 자체가 이야기인 경우가 있습니다. 제가 만년필을 사용하는 이유는 또 다른 이야기를 만들어가는 과정일 겁니다. 선배가 술에 취해 쓰던 만년필을 나눠주고 그 잡학 지식을 내놓는 것은 그의 이야기와 감정을 전달하는 것이고, 이것이 공감되고 또 다른 누군가에 의해 새로운 이야기가 시작될 겁니다. 이렇게 만년필은 만년동안 쓸 수 있다는 그 이름처럼 앞으로도 오랫동안 사람들 사이에서 이야기와 사랑의 중심에 있는 필기구로 남을 겁니다.

그렇다면 만년필을 더 이상 사용하지 않는 세대, 무엇이든 쉽게 손에 넣고 편리함만을 강조하며 언어마저 줄여 쓰는 세대에게는 이런 이야기가 존재하지 않을까요? 이제는 만년필 대신 디스플레이 화면에 전자펜으로 글을 씁니다. 긴 문장보다 문법과 맞춤법을 무시한 짧고 간결한 언어로 소통을 합니다. 물론 종이에 긁히는 질감이 손으로부터 신경을 타고 흘러 뇌를 더 자극하고, 긴 문장을 읽고 쓰며 두뇌에서 재조립하는 논리 과정도 중요합니다. 그렇다고 아이들이 무조건 틀렸다고 할 수 있을까요? 지금은 틀렸지만 나중에는 맞을 수 있기 때문입니다. SNS 대화창에 쓰는 짧은 단어만 보고 그 세대를 나무라기만 했지, 아이들이 정작 하고 싶은 이야기는 들을 생각을 안 하는 것 아닐까요? 새로운 환경의 도전을 받는 세대이자 첨단 과학기술이 세상을 지배하는 환경에서 살아남아야 할 세대에게 어쩌면 만년필과 긴 문장은 방해가 될지도 모릅니다. 그들도 그들 나름의 이야기를 쓰고 있는 게 맞을 겁니다. 오늘도 어김없이 가족 대화창에는 알 수 없는 줄임말이 올라옵니다. 그 세대를, 그들의 이야기를 알기 위해 어떤 단어인지 찾아봅니다. 알아두어 쓸데없는 것은 없겠지요.

7

스카치테이프의 탄생

두 남자, 노벨상, 그리고 꿈의 신소재

흑연에서 그래핀을 분리한 안드레 콘스탄틴 가임

우리 주변에는 어떤 물건의 상표가 일반명사를 대신해 사용되는 사례가 흔합니다. 특정 상품의 상품명이 한 시대를 유행하며 그 사물의 원래 이름을 덮고 일반 개념으로 통용되기 때문입니다. 어떤 경우에는 보통명사처럼 되어 원래의 단어조차 알지 못하는 사례도 있습니다. 이런 대표적 사례로 굴착기가 있습니다. 이 기계 장치의 영문 이름은 '엑스커베이터'excavator로 무척 생소합니다. 오히려 '포클레인'이란 용어가 익숙하죠. '포클레인'이란 말은 프랑스 건설기계 제조회사 이름인 '포클렝'Poclain에서 온 이름입니다. 수입 초기에 굴착기에 적혀 있던 회사 이름이 기계 이름으로 굳어진 거죠.

또 제사에 올리는 술인 정종은 일본 청주 상표인 '국정종'菊正宗이 일제강점기 때부터 아예 술 이름으로 사용되기 시작한 겁니다. 이 술의 바른 이름은 '청주'입니다. 일제가 밀주를 금했기 때문에 어쩔 수 없이 그것을 제사에 쓰게 된 것인데, 지금은 '청주'나 '약주'로 쓰는 게 맞습니다. '크레파스'도 '크레용'과 '파스텔'을 합친 일본 회사 제품명이죠. 쓰리엠3M은 이런 상품들을 여러 개 가진 대표적 기업입니다. 국립국어원에서 '붙임쪽지'라는 순화어를 만들기는 했지만, 여전히 '포스트잇'이라는 상품명을 훨씬 더 많이 씁니다. 이 회사 제품으로 입에서 잘 고쳐지지 않는 이름이 하나 더 있습니다. 바로 '스카치테이프'입니다. 이 이름의 유래도 흥미롭지만, 그 여정 또한 특별합니다. 게다가 최근 어느 과학자에게 노벨상을 안겨준 공적 때문에 과학계에는 일반명사처럼 되어 다시 돌아올 수 없는 강을 건넜지요. 이번에는 이 테이프의 궤적을 추적해보겠습니다.

사포회사에서 태어난 스카치테이프

스카치테이프가 걸어온 궤적은 미국 미네소타에서 대학을 중퇴하고 작은 사포회사에 취직한 어떤 청년으로부터 시작합니다. 비록 대학 중퇴라는 학력이었지만 연구소에서 일할 정도로 열정적인 청년이었지요. 1859년 미국에서 유정이 발견되고 석유산업이 시작됩니다. 동시에 열기관의 변화가 왔죠. 석유는 외연기관인 증기기관을 내연기관으로 대체하며 자동차산업을 이끕니다. 그리고 석유화학공업을 발전시킴으로써 여러 새로운 물질들이 개발됩니다.

1908년 포드는 대량생산이 가능한 생산 시스템을 도입해 자동차의 대중화 시대를 열었습니다. 당시 다른 자동차들이 2천 달러 정도였는데, 포드가 생산한 모델 T는 825달러에 판매되었죠. 1924년 미국의 도로에서는 포드의 모델 T 자동차가 약 천만 대 가량 달렸다고 하며, 이는 미국 자동차 대수의 절반 정도를 차지하는 숫자였습니다. 동시에 튜닝산업도 활발했죠. 1920년대는 자동차를 두 가지 색으로 칠하는 '투톤 컬러'가 대유행이었습니다. 그러나 자동차에 다른 색을 칠하려면 원래의 칠 표면 위에 종이를 덮고 테이프를 붙이는 마스킹으로 경계를 깨끗하게 처리해야 하는데, 이 일이 도장공에게는 골칫거리였습니다. 당시 페인트나 테이프 둘 다 특성이 좋지 않아 심할 때는 처음부터 다시 일을 해야 했죠.

사포회사에 근무하던 청년의 업무는 사포 표본을 지역 내 자동차 수리공장에 배포하는 것이었습니다. 그러던 어느 날, 가는 곳마다 도장공들이 테이프에 대해 불평하는 소리를 듣고서 '붙였다가 떼도 접착제 자국이 남지 않는 테이프'를 떠올립니다. 당시 회사에서는 천에 모래를 붙여 만드는 사포 때문에 여러 접착제를 사용하고 있었고, 청년은 이 접착제들을 토대로 연구를 하여 몇 년 후 이상적인 접착제 배합에 성공합니다. 결국 이 테이프가 불티나게 팔렸고, 말단 조수였던 그는 연구소 기술 부문장으로 승진도 합니다. 그는 또 다른 아이디어를 실용화하는 데 매진합니다. 당시 미국 화학기업 듀폰사가 발명한 것으로 셀로판 필름이 있었습니다. 뒤에서 당구공의 탄생을 다룰 때 언급하겠지만, 이 필름의 성분인 셀룰로이드는 식물로부터 얻은 나이트로셀룰로스 성분을 이용한 천연수지였습니다. 셀로판의 발명자 브란덴베르거가 셀룰로스의 'cello'와 프랑스어 '디아판'diaphane(투명하다는 뜻)의 'phane'을 합성하여 셀로판이라고 이름 붙인 생분해성 수지입니다.

청년은 투명 셀로판 필름을 사용한 신제품 개발을 시작했고, 결국 새로운 접착제로 또 다른 제품을 만들어냈습니다. 그리고 그 이름을 '스카치 셀로판테이프'라 붙였습니다. 이 작은 사포회사 이름은 '미네소타 채광가공 회사'Minnesota Mining and Manufacturing로, 지금은 단어의 앞 글자 알파벳을 딴 이름으로 '3M'이라 부릅니다. 대학 중퇴의 학력에도 불구하고 이 다국적 기업을 일으킨 청년의 이름은 리처드 드루Richard Drew였습니다.

그런데 '스카치'라는 이름의 유래에는 재미있는 이야기가 하나 있습니다. '스카치'는 속어로 인색한 사람이나 부족한 물건을 뜻합니다. 반대로 검약한 스코틀랜드 사람이라는 긍정적 의미도 있지요. 당시 리처드 드루가 테이프에 접착제를 양쪽 끝에만 아껴 발랐다고 해서 '인색한 상사'Scotch boss라고 불렀는데 거기서 '스카치'라는 이름이 유래했다고도 합니다. 하지만 그 시기는 대공황 기간이었고, 이 제품이 각종 물건의 수리나 보수에 이용되어 사람들이 어려운 시절을 넘어가는 데 도움을 주었다는 사실을 생각해보면 '근검절약'이라는 뜻이 더 진실에 가까워 보이죠. 어쨌든 이 제품명이 셀로판테이프의 보통명사가 되기 시작합니다.

그러다 이 제품이 과학사에 뚜렷한 흔적을 남기며 이름을 굳히는 사건이 일어납니다. 2010년 영국 맨체스터 대학의 안드레 가임Andre Konstantin Geim, 1958~ 교수와 콘스탄틴 노보셀로프Konstantin Novoselov, 1974~ 박사가 꿈의 신소재인 '그래핀'graphene을 만든 공로로 노벨물리학상을 수상합니다. 그래핀은 탄소 원자가 육각형 벌집 모양으로 결합하여 원자 한 층을 이루는 2차원 구조의 얇은 물질입니다. 그래핀 한 층의 두께는 탄소 원자 한 개 정도로 0.35나노미터 정도에 불과하죠. 비록 원자 한 층으로 된 구조이지만 그 강도는 철의 수백 배입니다. 지구에서 가장 단단하다고 하는 다이아몬드보다 몇 배나 강합니다. 또한 전기 전도성도 구리나 실리콘보다 100배나 좋습니다. 게다가 빛의 98퍼센트를 통과시키고 뛰어난 유연성까지 지녔습니다. 달리 그래핀을 꿈의 신소재라고 하는 게 아니겠지요.

그래핀이 과학기술 발전과 함께 출현한 신소재처럼 보이지만 우리에게 그리 생소한 물질은 아닙니다. 우리 주변에서 스카치테이프만큼 쉽게 볼 수 있는 문구류가 연필이지요. 이 연필심 성분은 잘 알다시피 흑연입니다. 흑연의 결정구조는 꽤 독특합니다. 흑연은 여러 층의 그래핀 판이 원자 간 결합이 아니라 차곡차곡 쌓여 있는 구조입니다. 앞서 언급한 포스트잇처럼 쉽게 분리가 됩니다. 그래핀 판들이 공유결합도 이온결합도 아닌데 여러 겹으로 겹쳐질 수 있는 이유는 그래핀을 이루는 탄소 원자 결합에 참여하지 않는 전자

한 개 때문입니다. 그래핀을 이루는 모든 탄소들이 이런 전자를 하나씩 남기고, 결합에 참여하지 않은 무수한 전자들이 그래핀 판 전체에 퍼져 전자의 바다를 이루는 거죠. 다른 그래핀 판에도 이런 전자의 바다는 존재하고, 그래핀을 겹치면 이들 전자의 바다도 합쳐지게 됩니다. 그렇게 하여 그래핀 판들끼리 겹쳐지게 되는 거죠. 이런 결합은 흔한 화학결합의 종류인 공유결합이나 이온결합과는 다릅니다. 그래서 그래핀 층끼리는 결합이 약해서 잘 깨집니다. 우리가 종이에 연필로 글을 쓴다는 것은 손의 압력에 의해 흑연에서 그래핀 덩어리를 층의 결 방향으로 깨뜨려 종이의 섬유질 틈에 붙이는 겁니다. 물론 종이에 붙은 그래핀 덩어리는 그래핀 한 층이 아니라 수천, 수백만 층이 붙은 작은 비결정 흑연입니다. 연필로 종이에 그래핀 한 층만 떨구게 된다면 멋진 일이 벌어질 겁니다.

1947년에 이런 물질들에 대한 이론적 연구로부터 그래핀이 존재한다는 사실을 알게 되죠. 보통 이렇게 새로이 발견한 신소재는 다루기가 쉽지 않습니다. 특히 저온이나 진공과 같은 특수한 환경에서 만든 경우라면 일상의 온도나 공기에 노출 시 쉽게 오염되거나 파괴되기 때문입니다. 그러나 그래핀은 상온에서 안정적이기에 일상에서 바로 활용할 수 있고, 또한 여러 특별한 기능이 있어 꿈의 소재로 불려 왔습니다. 플라스틱에 그래핀을 1퍼센트만 섞어도 금속보다 강하고 전기가 통하는 제품을 만들 수 있으니까요. 특히 이 물질은 첨단 과학기술 분야에서 기대감이 높습니다. 무엇보다 투명도가 좋아서 정보통신 기기에 필수적인 디스플레이 장치에서 활용하려는 연구가 활발하게 벌어지고 있습니다. 요즘의 디스플레이는 대개 손으로 터치해 조작합니다. 디스플레이 화면을 터치하기 위해서는 디스플레이 표면에 얇은 투명전극이 필요하죠. 현재는 ITO라는 인듐Indium과 산화주석Tin Oxide의 화합물을 사용합니다만, 인듐은 희토류 광물이고 다루기가 쉽지 않습니다. 그래핀은 이 자리를 대체할 유력한 후보인 셈이죠.

하지만 그래핀의 존재에 관한 이론적 연구가 시작된 지 오랜 기간이 지나도 실제로 그래핀을 만들거나 흑연에서 분리해내지는 못했습니다. 그 일을 2004년 가임과 노보셀로프 연구팀이 기발한 아이디어를 통해 해낸 겁니다. 그 아이디어란 바로 스카치테이프를 사용하는 것이었습니다. 그들은 스카치테이프를 흑연에 붙였다 떼는 방법을 사용했습니다. 물론 한 번에 성공할 수는 없었죠. 그 과정을 반복하면서 흑연이 얇아졌고 마침내 원자 한 층까지 얇아진 그래핀을 분리해 그 존재를 확인하게 됩니다. 현재 그래핀을 만드는 방법이 몇 가지 더 있지만 아직도 가장 널리 사용되는 방법이 이 스카치테이프를 이용하는 기계적 박리법입니다. 다른 방법으로는 그래핀에 불순물이 포함되거나 결함이 생기고 천문학적 비용이 들기 때문입니다. 최첨단 소재 제작에도 스카치테이프가 그 역할을 톡톡히 하는 것을 보면 그 젊은 청년이 만든 접착제 배합 비율이 우리의 미래를 바꾼 신의 한 수가 된 셈이죠.

이렇게 스카치테이프는 당당하게 노벨상 수상 논문에 이름을 남기게 됩니다. 안타까운 일은, 같은 시기에 미국 컬럼비아 대학의 한국인 김필립 교수가 그래핀의 전기적 특성을 확인한 논문을 투고해 한국인 최초로 노벨상 수상 가능성을 엿보았지만 아쉽게도 이름을 올리지 못했던 일입니다. 김필립 교수는 창의적이고 간단한 방법으로 그래핀 한 장을 분리하는 데 성공한 영국 연구팀 소식에 머리를 한 대 맞은 기분이라고 했습니다. 첨단 소재가 이렇게 간단한 방법으로 연구가 됐다는 사실에서 안드레 가임 교수가 엉뚱한 사람으로 보일지도 모르겠습니다.

사실 안드레 가임 교수는 노벨상 말고도 이그노벨상까지 받은 괴짜입니다. 노벨상을 패러디한 이그노벨상에는 재미있거나 엉뚱한 면이 가장 중요합니다. 가임 교수는 자기장을 이용한 '개구리 공중부양'으로 이그노벨상을 받습니다. 이 엉뚱한 실험은 우주 개척에 있어 자기장이 인간에 어떤 생리적 영향을 미치는지 연구하는 데 기초가 됩니다. 마찬가지로 스카치테이프를 만든 리처드 드루의 '잘 떨어지는' 접착제도 엉뚱한 시도의 결과입니다. 접착제는 잘 붙어야 한다는 일반적 생각을 뒤튼 것입니다. 만약 우리에게 원자 한 층을 만드는 것과 같은 어려운 과제를 주면 우리는 알고 있는 모든 지식을 동원할 겁니다. 물론 지식이 중요하지 않다는 것은 아닙니다. 하지만 우리 스스로 지적 프레임에 갇혀 상상력을 확장하지 못하고 오히려 해답에서 멀어지는 경우가 있습니다. 그렇다고 해서 모든 일들이 스카치테이프처럼 간단한 방법으로 해결되지는 않습니다. 아는 것은 분명 힘이지만 지식에 대한 겸손이 없는 경우에는 사고의 유연성을 떨어뜨리는 작용을 한다는 것이죠.

지금은 4차 산업혁명이 화두가 되고 있고 아직 그 정의조차 제대로 내리고 있지 못하는 실정이지만, 분명한 사실 하나는 우리 미래란 지식의 축적뿐 아니라 그 지식에 어떤 상상력을 더할 것인가에 달려 있다는 것입니다. 새로운 패러다임으로의 이행에서 가장 많이 회자되는 것이 '창의성'입니다. 우리는 창의성을 마치 무에서 유를 창조하는 능력으로 생각하지만, 사실 아무것도 없는 상태에서 갑자기 나오는 것은 이 세상에 없습니다. 모든 것은 이미 알고 있는 지식에서 시작됩니다. 이미 존재하는 어떤 것을 잘 연결하고 또 다른 새로운 것으로 만들어내는 능력이 미래 사회의 구성원이 갖출 요소이겠지요. 그것이 창의성이고, 그만큼 상상력은 과학뿐 아니라 모든 분야에 중요합니다. 그리고 앞서 말한 '이야기' 즉 스토리텔링이 중요합니다. 그러한 상상력과 이야기가 때로는 아주 엉뚱하게 보이는 시도와 시나리오일지라도 미래에 다가가는 길임은 분명해 보입니다.

8

미세먼지의 과학

하늘이 맑은데 미세먼지가 있다고?

하늘이 파란색인 이유를 설명한
존 윌리엄 스트럿 레일리 경

수학도 마찬가지이지만 과학을 공부하려면 단위에 익숙해야 합니다. 질량과 부피 등 측정 기준에 따라 사용하는 단위가 각기 다른데, 길이의 경우에는 미터법을 사용하죠. 그리고 값의 크기에 따라 숫자 대신에 별도의 부단위를 사용합니다. 거리나 길이의 경우 계산의 편의를 위해 1,000미터m는 1킬로미터km로, 1/1,000미터는 1밀리미터mm를 사용하는 식입니다. 그렇다면 세상에서 가장 큰 대상은 그 크기가 얼마나 될까요? 우리가 알고 있는 가장 큰 대상은 우주입니다. 우주의 나이가 138억 년이므로 우리는 흔히 우주의 지평선 끝도 138억 광년 거리에 있을 거라 생각합니다. 하지만 우주는 계속 팽창하고 있는 데다 먼 곳은 더 빠른 속도로 멀어지는, 휘어진 시공간의 모양을 하고 있으므로, 실제 우주의 지평선은 그보다 훨씬 멀리 있겠죠. 우리는 이것을 관측 가능한 우주라고 하고, 그 관측 가능한 우주의 직경은 930억 광년이 됩니다. 사실 우주가 팽창하므로 가시적 우주나 관측 가능한 우주는 지금 이 시간에도 커지고 있겠죠. 이 책을 발행일보다 늦게 읽은 분의 우주는 먼저 읽은 독자의 우주보다 커져 있을 겁니다.

여기서 사용하는 광년ly, light year은 거리의 또 다른 단위입니다. 1광년은 초속 30만 킬로미터를 날아가는 빛이 1년 동안 진행한 거리를 시간에 대입한 겁니다. 우주의 크기가 너무 커서 천문학에서는 별도의 단위로 길이를 잽니다. 물론 광년 말고도 다른 단위가 있습니다. 광년보다 작은 단위인 1AUastronomical unit는 태양과 지구까지의 거리를 기준으로 삼은 천문단위이죠. 태양계 안에서 계산할 때 편리합니다. 하지만 AU 단위는 물론이고 광년도 다양한 우주의 크기와 거리를 재기에는 충분하지 않아서 광년이나 AU와 다른 단위인 파섹parsec, parallax of one second을 사용하지요. 파섹pc은 태양에서 가까운 별까지의 거리를 계산할 때 사용하는 삼각 시차 방법입니다. 대략 1파섹은 206,264.806AU를 말하고 3.261564ly 정도입니다. 결국 지구에서 관측 가능한 우주의 가장자리까지의 공변거리는 어떤 방향으로든 약 14.26기가파섹Gpc이고 이 길이는 465억 광년이며 미터로는 4.40×10^{26}미터입니다. 따라서 관측 가능한 우주는 그 직경이 대략 28.5기가파섹(930억 광년 또는 8.8×10^{26}미터)이 되는 거죠. 우주는 너무 커서 그 길이마저 상상을 뛰어넘을 정도입니다.

상대적으로 익숙한 대상에 대입해보면 우주의 크기를 지구 크기로 축소했을 때 1광년은 0.2밀리미터가 됩니다. 그러니까 지구 중심에서 빛이 1년에 0.2밀리미터씩 465억 년을 가면 지구 표면에 도달하는 셈입니다.

눈에 보이지 않는 세상의 크기를 찾아서

이제 눈에 보이지 않는 세상의 크기가 궁금해졌습니다. 길이를 재는 자에는 1밀리미터 단위로 눈금이 있습니다. 그런데 이 1밀리미터를 다시 1,000등분으로 나누면 크기가 눈에 잘 보이지 않습니다. 이 길이는 1마이크로미터μm입니다. 마이크로미터는 어느 정도 작을까요? 우리나라는 커피공화국이라는 별명답게 많은 사람이 핸드드립 커피를 직접 즐깁니다. 커피를 내리기 위해서는 종이 필터를 써야 합니다. 필터에는 20μm 정도의 촘촘한 간격을 가진 필라멘트가 있어서 커피 입자를 걸러냅니다.

우리가 흔히 쓰는 볼펜 끝에는 볼이 있습니다. 그 볼을 팁이 감싸고 있고 종이 위를 볼이 구르며 내벽과 볼 사이에 있는 작은 틈을 통해 흘러나온 잉크가 글자를 만듭니다. 그 틈은 약 15μm입니다. 우리 손에는 늘 휴대전화가 들려 있습니다. 이제는 지하철이나 카페에서 책보다 스마트폰을 보고 있는 사람이 더 많지요. 화질은 점점 좋아집니다. '레티나'retina는 눈의 망막을 뜻하는데 맨눈으로 보는 것 같다는 뜻에서 디스플레이 제품명으로 쓰기도 합니다. 레티나 디스플레이 정도의 고화질을 만드는 화소의 크기가 대략 가로 25μm, 세로 80μm의 사각형이고 화소 사이는 불과 10μm 떨어져 있습니다.

또 휴대전화에는 카메라가 있습니다. 전화기의 원래 임무는 통화인데 지금은 디스플레이와 카메라가 소비자 선택의 주요한 기준입니다. 통화보다 멋진 사진을 찍어 인터넷에 올리는 게 더 중요하니까요. 이제는 한국 회사들에 뒤처져 쇠락했다는 일본 기업 '소니'의 카메라 센서가 대부분 휴대폰에 들어 있습니다. 점점 작고 얇아지는 휴대폰에 카메라 화소 수를 늘리려면 픽셀을 더 작게 만들어야 하는데 여기에 소니가 독보적 기술을 가졌죠. 카메라 센서 안에는 2천만 개의 픽셀이 있고, 그 하나의 크기는 약 1~2μm입니다. 이 정도만 돼도 아주 작은 크기라 할 수 있겠죠.

생명체에서는 이런 크기를 쉽게 찾을 수 있습니다. 사람 몸 안에 가장 많은 세포는 적혈구와 혈소판입니다. 산소 운반과 혈액 응고에 중요한 역할을 하는 적혈구와 혈소판은 2~8μm 크기입니다. 세균인 박테리아는 수 μm이고 바이러스는 평균 0.1μm입니다. 이쯤 되면 다른 단위가 사용됩니다. 0.1μm는 100나노미터nm입니다. 1나노미터는 10억 분의 1미터죠. 이렇게 작아진 크기는 정밀한 현미경이 아니면 볼 수가 없습니다.

우리 주변에 익숙한 것 가운데 나노미터 크기는 무엇이 있을까요? 사람의 눈은 380nm에서 780nm까지 영역의 파장을 가진 전자기파 즉 빛을 볼 수 있습니다. 바로 이 영역이 가시광선 영역이죠. 그래서 TV 리모컨에 사용하는 980nm 레이저 파장은 보이지 않아

적외선이라고 하고 가시광선 경계 근처인 650nm 파장을 사용하는 레이저 포인터는 적색으로 보입니다. 더 작은 것을 알아볼까요? 마법의 돌인 반도체는 집적도 한계에 다다릅니다. 회로의 간격이 7nm로 좁혀지면서 1년 6개월마다 반도체 집적도가 두 배씩 늘어난다는 무어의 법칙이 종말을 맞이하는 시대입니다.

지금까지 마이크로미터와 나노미터의 세상을 엿보았습니다. 그런데 너무 작아 어렵고 불편합니다. 사실 디스플레이 화소 사이가 10μm라는 사실은 사는 데 중요하지 않습니다. 카메라 화소가 1μm 크기라는 사실도 볼펜의 잉크가 15μm 틈에서 나온다는 것도, 적혈구와 박테리아 그리고 TV 리모컨 레이저 크기를 몰라도 사는 데는 아무런 지장이 없습니다. 커피 필터의 구멍 크기를 몰라도 맛있는 커피를 마실 수 있습니다. 1밀리미터 이하의 세계는 과학자나 공학자가 사는 세상에나 의미가 있지, 평범한 사람들에게는 접근하기 불편한 크기일 뿐입니다.

미세먼지의 과학

그런데 최근 대한민국은 불편하게도 이 크기가 국민의 일상까지 옮겨오게 되었습니다. 어느 날부터 초미세먼지가 생활을 파고듭니다. 이 용어는 낯설 수밖에 없습니다. 우리 정부가 초미세먼지를 관리하기 시작한 시기가 2015년으로 불과 몇 해 되지 않기 때문입니다. 초미세먼지의 기준인 PM2.5에서 'PM'은 입자상물질粒子狀物質,

particulate matter이라는 말의 약어이고, 숫자는 그것의 지름이 2.5마이크로미터 이하라는 것을 말합니다. 크기에 대한 정부와 언론의 관심이 놀랍기는 하지만, 여전히 우리 머리로는 이 숫자를 이해하기가 무척 불편합니다.

잔뜩 뿌연 하늘이 보이면 거기 떠다닐 보이지 않는 입자가 두려워 마스크를 착용합니다. 잿빛 하늘이 미세먼지의 양과 관련이 있다고 생각하기 때문입니다. 그런데 가끔은 하늘이 청명한데도 미세먼지가 많다고 주의경보가 울립니다. 어찌된 일일까요?

우리가 보는 하늘 색깔은 태양빛이 물질에 흡수되지 않고 지상에 도달한 빛입니다. 그런데 이 빛이 눈에 도달하기까지는 흡수 말고도 산란이라는 복잡한 물리적 과정을 거칩니다. 주로 질소와 산소 분자로 이루어진 공기 입자와 수증기나 온실가스등 미세 입자들은 태양빛을 여러 방향으로 튕겨냅니다. 특히 가시광선 중에 파란색 빛을 강하게 산란하지요. 맑은 하늘이 푸르게 보이는 이유입니다. 특정 파장을 산란하는 정도는 입자의 크기도 중요한 역할을 합니다. 이런 입자 크기와 산란 파장과의 관계를 알아낸 과학자가 영국의 존 스트럿 레일리 경John William Strutt, 3rd Baron Rayleigh, 1824~1919입니다. 유명한 '레일리 산란 이론'Rayleigh Scattering을 제시한 주인공입니다. 하지만 입자의 크기가 빛 파장보다 작은 경우에만 이 법칙이 성립됩니다. 가시광선의 파장이 수백 나노미터에 불과하니 맑은 하늘에서만 적용되겠죠. 만약 구름처럼 입자가 큰 수증기의 경우에는 다른 물리법칙이 적용됩니다. 이런 크기에는 '미 산란 이론'Mie

Scattering이 적용됩니다. 미 산란은 거의 모든 파장의 빛을 전부 산란시켜서 다중산란이라고도 합니다. 안개나 구름이 하얗게 보이는 이유입니다. 구름이 성장하면 수증기가 응결하여 입자가 커지는데, 이때는 구름 입자들이 빛을 흡수하기 시작합니다. 비를 머금은 먹구름이 검게 보이는 것도 이 때문입니다. 레일리 경의 산란 이론은 단지 하늘이 푸르다는 것을 증명한 데 그치지 않습니다. 현대 과학은 산란 이론을 미세한 크기의 물질을 분석하는 데 사용합니다.

이제 공기 안에 다양한 크기의 미세먼지가 등장합니다. 정확히 말하면 새로 등장한 것이 아니지요. 공기 안에 미세먼지가 있다는 것을 알게 된 거죠. 미세먼지는 작은 고체 물질이고 기체 안에 퍼져 있습니다. 사실 미세먼지는 수십 나노미터에서 수백 마이크로미터까지 다양한 입자로 불균일하게 분산돼 있습니다. 심지어 대기의 높은 곳에서 배출가스와 자외선이 만나 화학반응을 통해 만들어내는 고체 입자의 크기는 10나노미터에도 못 미치곤 합니다. 다양한 크기와 밀도로 퍼져 있는 입자는 대기 환경과 함께 복잡한 산란 법칙을 요구합니다. 우리가 보는 대기의 모습은 그리 간단하지 않습니다. 건조한 날에 큰 미세입자는 다중산란 효과가 크지 않습니다. 그런 날은 미세먼지와 상관없이 시야가 깨끗해 보입니다. 먼지 농도가 낮다 해도 습도가 높으면 뿌옇게 보이기도 합니다. 미세먼지 농도와 성분은 보이는 색으로 판단할 것이 아니라 과학적으로 측정을 하는 것이 맞습니다. 그리고 그 성분이 괜찮은지, 해로우면 어느 정도 해로운지, 해결은 어떻게 해야 할지 알아야 합니다. 한데 우리는 얼마나 과학적으로 그것에 접근하고 있을까요?

국민은 혼란스럽습니다. 연일 미세먼지의 크기와 위험성이 들리고, 마스크와 공기청정기는 불티나게 팔립니다. 어떤 날은 대중교통 무료탑승으로 문제를 해결해보려 하지만, 뭇매를 맞고 하루 만에 중단합니다. 누구 하나 미세먼지의 정체와 발생 원인에 대해 속시원한 답을 주지 않습니다. 사실 초미세먼지는 예전에도 있었지만 신경 쓰지 않았을 뿐입니다. 과장된 보도와 달리 정부에서 수십 년 동안 측정한 대도시 대기의 질은 예전보다 훨씬 좋아진 게 더 정확한 진실입니다. 1980년대 서울은 지금의 중국보다 나빴습니다. 당시는 대부분 석탄을 연료로 사용했으니까요. 그런데 우리는 더 나빠졌다고 체감합니다. 측정 기준이 강화된 탓도 있습니다. 모르고 지나갈 일을 알게 되었으니 신경이 쓰입니다. 그렇다고 우리가 유독 예민한 걸까요? 공장도 자동차도 얼마 없는 제주도가 가장 미세먼지가 많았던 날도 있었습니다. 이 경우를 보면 분명 외부 요인이 작용했음을 알 수 있지만 진실에 접근하는 것은 여전히 쉽지 않습니다. 정황만 있고 증거가 없기 때문이지요. 지금은 크기에 모든 것이 매몰돼 있습니다. 미세먼지 크기는 작아져 가고 사람들의 고통의 크기는 커져만 갑니다. 이제 그 입자의 정체와 근원적 해법에 집중할 때입니다.

얼마 전 독일에 있는 지인과 대화중에 거기도 미세먼지가 있지만 시민들이 한국처럼 예민하지 않다고 합니다. 독일 윤데 마을은 가축의 배설물을 모아 열병합발전으로 사용하는 생태 마을로 유명합니다. 그들은 긴 호흡으로 화석연료 대신 버려지는 것을 대체 에너지로 전환하는 식으로 지금 할 수 있는 일들을 차근차근 하고 있습니다. 그런데 우리는 크기를 따지는 것 말고는 어쩌면 아무 일도 하지 않는 상황인 것 같습니다. 여전히 화력발전소는 가동되고 공장은 연기를 뿜고 있습니다. 엄청난 아파트 건설현장은 흙먼지가 날립니다. 자동차를 타고 마음껏 에너지를 사용하며 누리고 싶은 모든 것을 누리면서 공기가 맑아지길 기대하고 있습니다. 독일처럼 집 앞에 배설물과 쓰레기를 모아 재생에너지라도 만들라치면 그 시설 때문에 집값이 내려갈까 두려워 목소리를 높일 겁니다. 실제로도 경기도 북부 파주에 음식물 쓰레기를 이용해 메탄가스를 얻었던 시범사업도 결국 주민들의 호응을 얻지 못해 중단했으니까요.

긴 호흡을 내쉬려면 우리는 잠시 숨을 참아야 합니다. 다소 불편해지더라도 지금부터 숨을 참는 연습을 시작해야 합니다. 아니 불편해져야 하는 방법밖에는 없어 보입니다. 대한민국의 미세먼지는 더욱더 과학적인 접근이 필요해 보입니다. 우리가 원하는 것은 초미세먼지마저 걸러주는 성능 좋은 마스크가 아닙니다. 과학으로 증명된 범인을 찾고, 더디고 불편해도 참고 실행할 수 있는 해결책으로 언젠가 다시 맑은 공기를 만나는 것입니다. 그 불편함을 참고 동참해 수고할 의향이 있는지 우리 스스로에게 물어볼 때입니다.

9

LED 혁명

빛의 혁명, 생활 시계를 바꾸다

청색 LED를 발명한 나카무라 슈지

마을에 해가 지자 땅거미가 앉더니 곧이어 어둠이 삼켜버린 골목길과 집들이 하나둘 빛과 함께 형체를 다시 드러냅니다. 제가 어릴 적 살았던 집은 언덕 위에 있어서, 동네를 내려다보면 검푸른 어둠이 내린 집들의 창이 하나둘씩 주황색이 감도는 노란 불빛으로 변하던 광경이 기억납니다. 그러다가 금세 전등 불빛이 온 마을에 빼곡하게 들어차면, 골목길에는 가로등이 전봇대나 담벼락에 간신히 매달려 흐릿한 빛으로 길을 만들었죠. 밤이 오면 상점의 간판들이 일제히 불을 켜는 것처럼 그렇게 집들과 골목이 빛에 의해 드러났습니다. 담장을 넘어오는 갈치 굽는 냄새와 따스한 빛으로 마을은 긴 밤을 맞이하느라 분주하지만 조용히 움직였습니다.

지금처럼 다양한 조명이 없던 시절에 하루해가 저물던 풍경은 그랬습니다. 따스한 느낌의 주황빛은 대부분 백열전구로부터 나오는 빛이었습니다. 당시 어른들은 아이들에게 전구를 사오라는 심부름을 곧잘 시켰습니다. 어쩌다 전등 스위치를 올리면 마지막으로 불타오르다 툭 하고 끊어지는 전구들이 많았기 때문이죠. 대개는 어둠이 깔리는 저녁 무렵이었고, 하필이면 어린이 프로가 나올 시간이라 투덜거리며 가게에 갔죠. 심부름을 하면서 '낮에까지 멀쩡하던 게 왜 하필 지금 끊어질까' 하는 의문이 들곤 했습니다.

백열전구에 숨은 과학

전구의 필라멘트는 텅스텐이라는 금속으로 만듭니다. 텅스텐은 금속 가운데 무겁고 단단한 것에 속하며 녹는 온도가 섭씨 3,422도로 가장 높습니다. 전기가 통하는 모든 물체는 저항에 의해 많든 적든 열이 발생합니다. 이런 성질을 이용해서 비교적 높은 온도를 내는 전도체를 쓴 것이 겨울에 사용하는 전열기입니다. 전기가 통하는 금속에서 어떤 일이 벌어지기에 이렇게 열이나 빛을 내는 걸까요?

금속은 원자끼리 공유결합이나 이온결합과 같은 화학결합이 아닌 특별한 결합을 이루고 있습니다. 대부분은 이온 상태의 원자가 규칙적이고 주기적으로 쌓여 있는 구조지요. 마치 사과상자에 일정하게 쌓여 있는 과일의 모습과 비슷합니다. 금속 원자에는 자유전자가 존재하고 이 자유전자가 원자가 쌓여 있는 전체를 자유롭게 공유하며 비편재화되어 있습니다. 이 자유전자 때문에 금속 원자가 쌓일 수 있는 거지요. 전기가 통한다는 건 전하가 이동한다는 의미인데 결국 전자 덩어리인 셈이죠. 만약 금속이온들이 완벽하게 주기적으로 배열해 있다면 전자는 금속이온들의 방해를 받지 않고 금속을 지나갈 겁니다.

하지만 금속이온 배열은 완벽하지 않습니다. 그리고 이온들은 자신의 진동에 의해 미미하지만 열에너지를 가지고 있지요. 그러니까 금속 원자들의 배열에 결함이 있다는 겁니다. 전자 이동이 이런 결함에 의해 방해를 받는데, 원자와 충돌해 다른 방향으로 전자가 튕겨 나가고 전하의 흐름이 바뀝니다. 이 현상을 '저항'이라고 부릅니다. 결국 전자가 충돌해 산란하며 에너지를 잃고, 그 에너지가 금속의 온도를 올리는 겁니다. 모든 에너지는 빛 아니면 열로 방출됩니다. 저항이 큰 도체에 전기가 흐르면 열과 빛을 냅니다. 이것이 바로 전열기와 백열전구의 원리입니다. 그러니까 필라멘트가 열을 발생시키고 빛을 내려면 적당한 저항이 필요합니다. 텅스텐의 저항은 차가울 때 더 작아집니다. 낮은 온도를 좋아하는 금속이기 때문이지요.

낮 동안 차갑게 식어 필라멘트의 저항이 작아진 상태에서, 저녁에 스위치를 올리면 전류가 갑자기 몰려서 필라멘트가 끊어지는 경우가 종종 생기는 거죠. 또 당시는 전압이 불안정한 것도 한 원인을 제공했을 겁니다. 그런데 불이 켜 있는 전구를 만지면 아주 뜨겁습니다. 그것은 전기 에너지가 전구에서 빛을 만드는 데는 5퍼센트 정도만 쓰고 나머지는 모두 열에너지로 방출하기 때문입니다. 그래서 전구는 조명기기라기보다 전열기구라고 해도 틀린 말이 아닙니다.

그리스 신화에 나오는 '프로메테우스의 불'은 신이 인간에게 선사한 가장 고귀한 선물이었습니다. 그 이후에 두 번째로 받은 선물이 바로 '인류가 발견한 두 번째 불' 백열전구입니다. 지금까지 사용하는 텅스텐 백열전구는 에디슨이 전구를 발명한 후 30년이 지난 뒤인 1910년, 윌리엄 쿨리지가 필라멘트의 수명을 연장함으로써 완성되었습니다. 처음 에디슨이 발명한 전구는 텅스텐이 아닌 탄소 필라멘트였죠. 백열전구는 지난 백 년 동안 밤을 낮처럼 사용할 수 있는 시간을 인류에게 선물했습니다. 밤을 인류의 시간으로 만든 겁니다.

산업이 급격하게 발전할수록 에너지는 더 민감한 문제가 됩니다. 한정된 에너지를 무한정 사용할 수 없기 때문이죠. 그런 면에서 전체 에너지의 95퍼센트를 낭비하는 백열전구는 처음과 달리 골칫덩어리가 될 수밖에 없었습니다. 그래서 과학자들은 효율 좋은 빛을 얻기 위해 노력을 했고, 그 결과 LED라는 세 번째 불을 만들게 됩니다. 물론 그 중간에는 형광등이란 기술도 있었죠. 하지만 형광등은 수은과 형광물질을 사용한다는 이유로 백열전구와 함께 차츰 퇴출되고 있습니다. 국제적으로도 백열등과 형광등은 기한이 차면 퇴장을 해야 하는 기술이 되었습니다. 지금 조명기구를 파는 거의 모든 곳에는 LED 조명이 자리를 차지하고 있습니다.

LED는 발광다이오드Light-Emitting Diode의 줄임말로, 특정 물질에 전류가 흐를 때 물질 내부의 에너지 차이에 의해 빛을 내는 원리를 이용한 겁니다. 그 특정 물질은 반도체 기술로 사용하게 된 물질들인데, 실리콘(Si)과 그 주변 원소인 저마늄(Ge), 갈륨(Ga), 비소(As) 등입니다. 전류가 흐르면 특정 반도체 물질에서 나온 과잉 전자가 다른 반도체 물질의 빈자리로 이동하며 빛을 방출하는 원리입니다.

우리의 생활 시계를 바꿔놓은 LED

LED 조명이 요즘 들어 익숙해지긴 했지만, 최근에 발명된 것은 아닙니다. 첫 등장은 거의 반세기 전인 1962년입니다. 미국 GE사의 닉 홀로니악이 처음으로 사람이 볼 수 있는 가시광선 영역 중 붉은색 LED를 개발했습니다. 그러고는 얼마 지나지 않아 녹색 LED도 출현합니다. 빛의 삼원색 가운데 푸른빛만 만들면 제대로의 광원이 될 수 있었습니다.

이때부터 전 세계 과학자들은 마지막 남은 최후의 빛 곧 '청색 LED' 개발에 몰입하기 시작합니다. 청색만 완성되면 삼원색을 합쳐 백색을 만들 수 있고, 자외선과도 가까워서 그 활용도가 무궁무진하기 때문입니다. 그런데 이는 생각보다 쉽지 않았습니다. 사실 LED가 적, 녹, 청의 순으로 만들어지게 된 데는 이유가 있습니다. 바로 에너지의 크기 때문이죠. 빛은 붉은색보다 청색에 가까울수록 파장이 짧아져서(즉 진동수가 높아져서) 에너지가 강해집니다. 청색 바깥의 자외선이 피부를 태우는 이유가 바로 강한 에너지 때문입니다. 적색 LED가 먼저 개발된 건 작은 에너지를 방출하는 물질을 다루는 게 쉬웠기 때문인데, 붉은색에서 녹색까지 5년, 다시 청색까지 가는 데 27년이나 걸린 겁니다.

1994년 각고의 노력 끝에 드디어 나카무라 슈지中村修二, 1954~를 포함한 일본 과학자 셋은 질화갈륨을 이용해 청색 LED을 만들었고, 이 업적으로 2014년 노벨물리학상을 받았습니다. 그런데 청색 LED 발명이 뭐라고 노벨상까지 주었을까요?

백색을 발광하는 LED는 청색이 아닌 색들을 조합해 만들 수도 있지만, 좋은 품질의 순수한 '백색광'은 청색 LED를 이용해야만 얻을 수 있습니다. 물론 적색 LED에 투명한 청녹색을 씌우거나, 녹색 LED에 보랏빛 심홍색을 통과시켜 백색을 얻기도 하죠. 하지만 청색 LED의 에너지가 가장 강하기 때문에 가장 좋은 백색광을 만들어냅니다.

휴대전화에 있는 플래시를 자세히 보면 작고 투명한 노란색 부품이 보이는데, 이것은 형광물질입니다. 이 노란색의 형광 부품 아래에서 나오는 청색 LED 빛이 합쳐져 우리 눈에는 백색으로 보입니다. 요즘 나오는 수많은 전자기기의 디스플레이에도 청색 LED가 쓰입니다. 그뿐 아니라 개발도상국의 불안정한 전력 공급에도 LED는 작동하고, 태양광 발전에서 생산된 낮은 전력만으로도 어두움을 물리쳐줍니다. 적은 전력으로 자외선 살균이 가능해 빈곤 국가들이 겪는 오염된 물로 인한 질병에서도 인류를 구할 수 있습니다. 자외선에 가까운 청색 에너지가 인류의 수명까지 늘리고 있는 셈입니다.

1887년 3월 6일, 어스름이 깔린 경복궁의 건청궁 앞마당에 기대와 호기심으로 가득한 사람들이 모여 있었습니다. 어둠이 건청궁을 집어삼키려 할 때 눈부시게 환한 빛이 터졌으며, 그 빛이 어둠에 사라졌던 풍경을 다시 살려냈습니다. 전구가 우리 땅에서 처음 사용된 순간이었죠. 고종은 미국의 에디슨전기회사에 의뢰해 건청궁 앞에 있는 연못의 물을 끌어들여 수력발전소를 지었고, 건청궁에 전구를 밝혔습니다. 이로부터 전구는 130년 넘게 한반도를 밝히고 있습니다. 지금은 수명도 한참 길어지고 훨씬 밝아진 LED가 우리의 생활 시계를 완전히 바꿔놓고 있습니다.

우리는 그을음과 희미한 등불에서 벗어나 구리선을 타고 오는 전기로 밝은 빛을 만들어냈으며, 휴식의 밤과 생산성을 맞바꾸었습니다. 해가 지면 일손을 놓고 쉬던 사람들이 밤에도 쉬기 어려운 환경을 스스로 만든 겁니다. 위성에서 찍은 지구의 밤 사진을 보면 태양만 없을 뿐 도심은 낮과 진배없습니다. 도심 빌딩은 깊은 밤까지 빛과 함께 사람들을 가두고 있죠. 집 안이라고 다르지 않습니다. 거실에는 LED 조명이 탑재된 TV가 켜져 있습니다. 집에 가족들이 있지만 서로 대화 없이 각자 자신의 휴대폰을 봅니다. 휴대폰 화면의 조명도 대부분 LED이죠. 여행지에서도 아름다운 풍경을 눈과 가슴에 담는 법을 잃고 말았습니다. 아름다운 자연과 함께하는 사랑하는 사람의 모습을 맨눈으로 보는 것이 아니라 카메라의 밝은 디스플레이 화면을 통해 보기도 합니다. 어둠 속의 인류에게 등장한 세 번째 빛으로 그것이 밝힌 주변을 보기보다 그 빛 자체를 보고 있는 셈입니다. 우리는 이렇게 또 다른 밝은 어둠에 갇혀 있는지도 모릅니다.

의학적으로도 LED의 자외선은 인간의 휴식을 방해합니다. 우리 몸속에 있는 시계로 '멜라토닌'이라는 호르몬이 있습니다. 자외선 가까운 푸른빛을 보면 멜라토닌 호르몬 방출이 줄어듭니다. 우리가 봄에 유난히 피곤한 이유도, 해외여행 후 시차 적응이 안 되는 것도, 나이 들면 새벽잠이 없어지는 까닭도 모두 이 호르몬 때문이죠. 그래서 자야 할 시간에 뇌가 휴대전화나 TV의 LED 빛, 그 중에서도 특히 자외선에 가까운 빛에 노출되면 수면 리듬이 깨집니다.

담을 타고 넘어오던 생선 굽는 냄새와 흐리지만 따뜻한 전등 빛이 생각납니다. 집 안은 삼십 촉 전구 아래에서 퇴근한 가장과 학교에서 돌아온 아이들이 웃고 떠드느라 생기가 돕니다. 그 따뜻함과 휴식을 가져온 불빛은 대부분이 백열전구에서 나오는 빛이었습니다. 새로운 빛의 편리함과 휴식을 교환한 우리로서는, 가끔 이 빛을 끄고 밝음에 가려진 자신과 친구 그리고 가족을 돌아볼 필요가 있습니다.

10

망원경의 세상

때로는 맨눈으로 보아야 예쁘다

망원경의 원리를 처음 발견한 한스 리페르스헤이

별똥별이 떨어지는 순간에 소원을 빌면 바라는 일이 이루어진다는 이야기를 들어보았을 겁니다. 우주의 정체를 알지 못하던 시절, 밤하늘에 박혀 반짝여야 할 천체가 지상으로 내려오는 아름다운 광경에 인류는 감동을 넘어 뭔가 의미를 부여하고 싶었겠지요. 때로는 위대한 인물이 탄생하거나 지상에서의 인연을 다했을 때도 별똥별은 등장했습니다. 인류에게 우주는 절대적인 의지의 대상이었고, 위로와 공포를 함께 전해주는 미지의 공간이었습니다. 사실 별똥별은 별이 아닌 유성입니다. 혜성이나 소행성이 지나가며 남긴 조각이 지구 중력에 이끌려 대기권으로 들어와 마찰로 인해 타면서 지상으로 떨어지는 자연현상이지요. 이런 사실을 알기 전까지 미지의 우주에 대한 인류의 호기심은 강했습니다. 인류의 근원은 우주에 있다고 믿었고 그 세상을 자세히 보기 위해 도구를 만들었습니다. 바로 망원경이지요.

지구 공전이 혜성이 지나간 궤도와 가까워지는 계절이 오면 유성이 비처럼 쏟아지는 우주 쇼가 펼쳐집니다. 그것을 일컫는 말인 '유성우'는 혜성이 지나간 자리에 무수히 남겨진 조각들이 마치 비처럼 쏟아진다고 해서 붙여진 별명입니다. 유성우는 매년 있지만, 제 기억으로는 1998년 늦가을에 예측됐던 사자자리 유성우가 세상을 가장 떠들썩하게 했던 것 같습니다. 곧 펼쳐질 세기의 우주 쇼를 보기 위해 고가의 망원경도 불티나게 팔렸습니다. 하지만 결과는 참담했습니다. 한 시간에 만 개가 넘는 유성을 기대했지만, 예측과 달리 수백 개에 그쳤죠. 사람들의 기대와 간절함이 실망과 원성으로 바뀌었던 기억이 납니다. 천체 관측이 취미였던 저도 이 대열에 합류했습니다. 망원경이 있었지만 설치하지 않고 대신에 마당 평상에 돗자리를 깔고 두꺼운 침낭에 들어가 하늘을 향해 누워 있던 것이 전부였습니다. 그런데 당시 예측대로 시간당 만 개의 유성이 떨어졌다고 해도 망원경으로 볼 수 있었을까요?

멀고 먼 미지의 대상을 자세히 보기 위해서는 망원경을 사용할 필요가 있지만, 거대한 밤하늘을 무대로 펼쳐지는 이야기를 위해 망원경을 선택한다는 것 자체가 결론적으로는 무모한 시도이지요. 그 이유는 망원경에 설치된 렌즈가 대상을 확대하는 만큼 보는 시야를 좁히기 때문입니다.

망원경의 탄생기

망원경 렌즈의 가장 큰 기능은 멀리 있는 대상을 눈앞으로 옮겨다 놓는 것입니다. 망원경이 옮겨 놓은 대상은 단순히 멀리 있는 빛에 그치지 않고 우주가 지나온 과거의 모습과 시간, 그리고 물질의 기원까지 광범위했습니다. 이런 이유로 인류가 세상을 이해하는 몇 차례 도약 시점에는 늘 망원경이 등장합니다. 망원경 발명자인 갈릴레오 갈릴레이는 그 첫 번째 도약자이기도 합니다. 갈릴레오가 망원경으로 천체와 우주의 진실을 밝히기 시작했고 지구가 우주의 중심이 아니라는 과학적 도약을 했기 때문입니다. 그의 발견은 인문학적으로도 우주에서 인간의 위치에 대한 관점을 바꿔놓았지요. 이 시기가 17세기 초반입니다. 오랜 인류 역사에서 망원경은 꽤 늦게 등장한 편입니다. 빛을 다루는 광학이 어려워서일까요. 사실 빛을 다루는 광학은 꽤 오래전부터 인류와 함께했습니다. 이미 기원전 3세기경 수학자는 직진하는 빛이 매질을 통과하거나 반사되며 방향을 바꾼다는 사실을 수학적 규칙으로 정리했고, 거울이나 렌즈가 만들어진 시기는 훨씬 더 오래된 기원전 2000년이라고 합니다. 그런데 공식적인 최초 망원경의 등장이 17세기였으니 무려 3,500년 동안 인류는 이런 매력적인 도구를 방치해 둔 셈입니다. 망원경은 왜 이렇게 늦게 등장한 걸까요? 고대 철학과 과학이 서양사의 암흑기라 불리는 중세시대를 거치며 사라졌던 것처럼, 그동안 명맥을 유지해온 광학도 주춤했을 겁니다.

하지만 신 중심 사회였던 중세에도 언젠가 광학이 태양과 별의 형상을 지상으로 끌어내릴 수 있다고 믿었습니다. 그 믿음은 우연하게도 1417년 독일의 어느 수도원 지하에서 고대 철학의 필사본이 발견되면서 힘을 얻게 됩니다. 땅에 묻혔던 인류의 지식이 다시 빛을 보게 된 거죠. 신으로부터 인간을 해방시킨 문화혁명은 인쇄술을 촉진시켜 사람들에게 널리 책이 보급됩니다. 한편 11세기에 아랍은 광학 관련 이론을 정립하여 유럽에 전파하고 근대 과학 발전에 영향을 주게 되죠. 그리고 16세기 말부터 보석과 같은 광물이나 유리를 연마하는 기술이 급속하게 발달합니다. 안경과 돋보기가 책의 보급 속도에 편승했죠. 인간이 탐구해온 고대의 모든 유산이 신 중심 사회에서 사라졌지만 밤하늘의 별은 사라지지 않았으니, 인류는 끊임없이 밤하늘 저 너머의 세상에서 인간의 본질을 찾을 수 있다고 믿었지요. 이러한 믿음과 노력은 결국 17세기 초에 이르러 갈릴레오로 하여금 달과 천체를 인간의 세상으로 끌어다 놓게 합니다. 정확하게 표현하면 갈릴레오는 망원경을 발명한 사람이라기보다 밤하늘의 천체를 관찰하는 데 망원경을 처음 사용한 사람이라고 하는 게 맞을 것 같습니다. 그 이전에도 망원경 기술이 있었으니까요. 특히 네덜란드에는 안경 기술자가 많았습니다. 네덜란드는 바다를 통해 가장 먼저 아랍과 교류한 나라이고 아랍의 과학기술을 가장 먼저 흡수했을 겁니다. 결국 아랍으로부터 전해진 광학 기술이 네덜란드에 가서 개화된 셈이지요.

한스 리페르스헤이Hans Lippershey, 1570~1619는 꽤 실력 있는 안경 제작자였습니다. 어느 날 그는 광물인 수정을 연마해 만든 볼록렌즈와 오목렌즈를 살피다가 우연히 두 렌즈를 겹쳐서 근처에 있는 교회 탑을 보게 됩니다. 결과는 놀라웠지요. 멀리 있는 탑이 아주 가깝게 보였던 겁니다. 물체를 확대해 볼 수 있는 돋보기는 수세기 전부터 있었지만, 가까이 있는 대상만 확대할 수 있었습니다. 그리고 돋보기와 비슷한 원시용 안경도 있었죠. 돋보기는 가운데가 두껍고 볼록한 모양입니다. 이 모양이 렌틸콩을 닮았다고 해서 볼록한 광학부품에 '렌즈'라는 이름이 붙은 겁니다. 그리고 거꾸로 가운데가 얇고 오목한 근시용 안경도 있었지요. 그는 바로 금속 통에 두 개의 렌즈를 서로 붙여 넣고 망원경을 만들었습니다. 보고자 하는 대상에는 볼록렌즈를 넣고 눈의 방향에는 오목렌즈를 사용했습니다. 이것이 바로 굴절 망원경의 시초입니다. 볼록렌즈는 돋보기처럼 작은 물체를 크게 확대하는 기능이 있지요. 오목렌즈는 반대로 물체를 작아 보이게 하지만 빛을 퍼지게 하는 기능이 있습니다. 이 두 렌즈의 두께 조합과 비율이 먼 거리에 있는 물체를 확대하는 배율을 결정하는 겁니다. 그리고 1년 후인 1609년에 이탈리아의 갈릴레오는 한스 리페르스헤이의 망원경 소식을 듣고 그 원리를 참고해 천체관측을 위한 용도로 수정하게 되지요.

1610년 1월 7일 갈릴레오는 그 광학장치의 관측 방향을 밤하늘로 돌리게 됩니다. 지금까지 보지 못했던 우주의 모습을 본 사람의 느낌은 어떠했을까요? 1417년 지하에서 나온 루크레티우스의 책 『사물의 본성에 관하여』가 신 이전의 우주에 대해 말해주었듯이, 이

날 이후에는 미지의 우주 안에 있는 인간의 위치가 완전하게 드러나게 됩니다.

갈릴레오는 천체망원경으로 달이 태양빛을 반사해 빛난다는 사실과 분화구의 존재를 확인했고, 목성에는 4개의 큰 위성이 있고 토성은 고리가 있으며 금성이 태양을 공전한다는 사실을 발견합니다. 불과 33배로 확대한 망원경이었지만 갈릴레오는 지구가 우주의 중심이 아니라는 위대한 발견을 했고, 인류는 이 도구로 엄청난 도약을 하게 되지요. 분명 갈릴레오의 발견은 도약이었지만 망원경 최초 발명자라는 명예는 제 주인을 찾아가야 합니다. 그리고 우리는 한스 리페르스헤이가 이런 과학적 도약에 이바지했음을 기억해야 합니다. 그런데 누군가는 그가 과학자가 아니라는 이유로 그의 연구가 과학사에 가치를 둘 수가 없다고 주장하지요. 그는 과학자가 아닌 기술자나 사업가에 가까웠지만, 빛을 다루는 광학이 지금도 물리학의 범주에 있는 만큼 광학 연구에 바친 노력만 보면 그가 과학자가 아니라는 의견에 동의하기 어렵습니다. 과학은 특정인의 전유물이 아닌 가치중립적인 활동이고, 누구나 과학적인 시선으로 연구하면 과학자와 다를 바 없기 때문입니다. 사실 이러한 논란은 지금 우리의 모습에서도 쉽게 찾을 수 있습니다. 왜 우리는 사실이나 앎 그 자체보다 그것을 누가 말했는지에만 집중할까요?

세상에 만능 렌즈는 없다

우리는 렌즈를 통해 세상을 봅니다. 천 년 전 아랍 과학자가 쓴 『광학의 서』에도 시각적 인식은 물체에 반사된 빛이 눈에 들어와 이루어진다고 했고 눈에는 볼록렌즈를 닮은 수정체가 있다고 했습니다. 눈으로 보건 렌즈로 보건 우리는 모두 같은 세상을 보는 게 맞습니다. 하지만 간혹 사람들은 각자 다른 세상을 보고 있다는 생각을 가지곤 하지요. 이유는 자신만의 렌즈를 끼우고 세상을 보려고 하기 때문입니다. 렌즈는 세상의 모습을 굴절시키며 상을 왜곡시켜 전달합니다. 실제로 두 개의 렌즈로만 된 망원경은 상의 상하좌우를 뒤집어 보여줍니다. 그리고 렌즈 성능에 따라 각종 수차가 발생하며 대상의 모습이 달리 보입니다.

예를 들어 휴대전화로 사진을 찍을 때 가까운 거리의 상은 유난히 커 보이고 중심축에서 벗어나면 휘어지기도 하고 색깔도 차이가 나는 것을 쉽게 경험합니다. 이런 것들을 광학 용어로는 수차收差, aberration라고 합니다. 그리고 렌즈에는 기능적으로 특정한 빛만 통과시킬 수 있는 필터도 있지요. 우리 각자가 품은 렌즈도 마찬가지인 것 같습니다. 세상을 정확하고 자세히 보겠다고 자신만의 망원경에 설치한 렌즈가, 수차로 인해 왜곡된 모습의 세상을 전달한다는 겁니다. 그리고 잘못된 필터는 정작 보아야 할 세상이 아니라 보고 싶은 세상만 보게 합니다. 물론 우리는 한 걸음의 도약을 위해, 망원경을 가지고 삶과 세상을 깊고 멀리, 자세히 들여다보는 과정이 필요합니다. 과학자와 공학자는 수차에 의한 왜곡을 줄여 실제의 세상을 그대로 전달하기 위해 광학을 연구합니다. 하지만 세상에 만능 렌즈는 없습니다. 수차는 늘 발생하게 되죠. 사진작가가 교환렌즈를 바꿔가며 최상의 사진을 찍듯이 우리도 여러 가지 렌즈를 가지고 겹쳐 보기도 하고 바꿔 보기도 하면서 세상을 들여다봐야 합니다.

천체망원경은 멀고 깊은 미지의 우주를 관찰하는 도구입니다. 설령 유성우가 떨어지는 계절에 운이 좋게도 망원경으로 찰나의 시간을 잡는다 해도, 밤하늘이라는 무대에서 벌어지는 거대하고 아름다운 이야기를 설명할 수는 없을 겁니다. 별똥별처럼 밤하늘을 가로지르는 거대 현상은 망원경이 아니라 맨눈으로 봐야 하듯이, 때로는 우리 사는 세상도 자신만의 렌즈로 보기보다는 렌즈를 버리고 전체를 바라보는 게 나을 때가 많습니다. 부분이 모여 전체를 이루지만, 부분을 잘 본다고 해서 전체를 더 잘 이해할 수는 없는 게 세상입니다. 동쪽에서 나비가 날갯짓하면 서쪽에서 태풍이 일어날 정도로 복잡하고 유기적인 세상은 전체를 품지 않으면 제 모습이 보이지 않기 때문입니다.

우리가 가진 망원경에는 어떤 렌즈와 필터가 설치돼 있을까요. 혹시 우리는 20년 전 유성우를 보려고 망원경을 들었던 사람들처럼 늘 망원경만으로 세상을 보려는 건 아닐까요. 때로는 그냥 맨눈으로 보는 것이 아름답고 그게 제 모습일 겁니다.

III부

세상을 오해하다

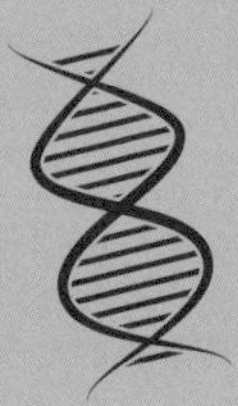

세상을 이해하는 방식은 수없이 많다. 하지만 이해한다는 것 자체도 인간의 오만일지 모른다. 자연은 인간이 생각한 것보다 훨씬 더 거대하고 복잡하기 때문이다. 그렇다고 해서 자연이 규칙 없이 아무렇게 작동하는 것도 아니다. 또한 기계처럼 정교하게 작동하지도 않는다. 자연은 상상하기 어려운 긴 시간을 사용해 진화와 퇴보를 반복하며 자연의 모든 사물들과 영향을 주고받는 가장 적당한 모습으로 현재를 이어간다. 그런 자연을 인류가 이해하려고 여러 잣대를 들이대지만, 간혹 인간의 욕망을 앞세워 이해하고 싶은 것만 이해하는 경우가 많다. 인간의 이런 시선을 감지한 세상은 본연의 모습을 감추고 진실을 잘 드러내지 않는다. 세상에 대한 오해는 인류의 약점을 부각시키며 우리의 가장 약한 부분부터 침투한다. 심지어 오해나 오만은 인류의 진보를 멈추거나 문명을 파괴하기까지 한다. 하지만 세상을 이해하는 많은 방법 중에서 가장 합리적이고 객관적인 잣대는 아직 과학이다. 과학에도 한계와 편견이 있다는 것을 인정하기만 한다면.

11

인류의 오만

우리는 사과가 아니라 치유를 받아야 한다

위대했으나 오만했던 열역학자 윌리엄 톰슨 켈빈 경

'정말 2020년이 왔구나!'

수십 년 전에 2020년을 그린 많은 영화에서는 현재의 모습을 고도의 과학기술과 산업문명을 배경으로 윤리와 인간 존엄의 상실, 자본주의의 한계로 인해 인류가 고통을 받는 암울한 시대로 그렸습니다. 물론 실제의 2020년은 영화에서처럼 태양계 행성과 우주를 자유롭게 왕래할 정도가 되지는 않았습니다. 하지만 폭발적으로 진보한 과학기술 및 산업문명의 혜택과 동시에 기후 위기, 생태계 파괴, 자본주의 양극화라는 중대한 문제와 맞닥뜨린 오늘의 현실은 과거의 영화가 예측했던 것과 별반 다르지 않습니다. 현대 사회는 문명의 발달로 풍요롭고 조화롭게 보이지만, 보이지 않는 대립들로 인해 순식간에 무너져 내릴 듯한 균열을 만들고 있는지도 모릅니다. 마치 이런 대립과 조화를 반영하는 듯 보이는 숫자 '2020'의 해에 개봉한 한 영화는 또 다른 여운을 깊게 남겼습니다.

영화 〈두 교황〉은 실존 인물인 베네딕토 16세 전 교황과 프란치스코 교황의 논쟁을 그린 작품입니다. 이 영화에서는 처음부터 낡은 것과 새로운 것의 대립이 드러납니다. 여러 문제점을 지닌 정통 교조주의를 계승하려는 자와 자유주의적 가치관을 가진 듯한 도전자의 대결 구도로 영화가 시작되죠. 영화 내내 치열하고 긴장된 논쟁이 벌어지지만, 나중에 프란치스코 교황이 되는 베르골리오 추기경은 상대의 마음에 귀를 열고 가슴으로 이해함으로써, 베네딕토 16세로부터 그동안 가톨릭교회가 범한 부정을 인정받고 반성을 이끌어냅니다. 왜 사람들이 이 영화에서 위안을 받았는지 알겠더군요. 영화는 서로의 허물을 인정하고 올바른 선택과 변화를 위해 각자의 주장을 수렴해가는 모습으로 현재를 살아가는 우리에게 묵직한 메시지를 던집니다.

사실 이런 대결 구도는 종교뿐 아니라 과학사의 논쟁에서도 쉽게 찾아볼 수 있습니다. 특히 영화의 주인공인 프란치스코 교황이 빅뱅과 진화론 같은 과학적 사실을 인정하며 정통 가톨릭의 두텁고 낡은 옷을 벗어버린 탓인지, 영화를 보는 내내 제게는 과학사의 유명한 논쟁 하나가 머릿속에서 겹쳤습니다.

지구의 나이는 얼마인가?

지금까지도 지구의 나이는 심심치 않게 논쟁의 중심에 서고 있으니, 측정이 부정확했던 과거에는 더 그러했을 겁니다. 15세기 르네상스의 영향으로 종교에 억눌렸던 과학과 철학이 부활하지만, 아무리 새롭고 뛰어난 지식과 사상이라도 어느 날 갑자기 인류 앞에 등장해 시대를 지배하지 않습니다. 과학은 기존의 설명을 의심하고 이를 다시 증명하는 학문이지만, 새로운 지식마저 낡은 믿음에 얽혀 있는 경우가 대부분이죠. 그래서 낡은 것과 새로운 것의 마찰이 생기고, 특히 과학자들 간에도 대립과 논쟁이 벌어지는 건 어쩌면 당연한 일인지 모릅니다. 사실 논쟁은 세상이 나아지기 위한 필수적 과정이기도 합니다. 그런데 논쟁의 중심에 교황처럼 권위자가 있는 경우에는 논쟁은 물론 인류사에도 막대한 영향을 끼치게 됩니다. 교황 무오류설을 지켜온 가톨릭이 십자군 전쟁과 유대인 핍박의 방조를 시인한 반성은 무려 2000년이 돼서야 가능했을 정도니까요. 마찬가지로 근대 과학계에서도 큰 산과 같은 인물의 그릇된 가치관이 지구의 나이를 결정하는 논쟁에서 큰 영향을 끼쳤습니다.

나라마다 사용하는 온도의 단위가 상이하고 그 중 우리는 섭씨(℃) 온도를 사용합니다. 미국의 영향을 받은 국가는 화씨(°F) 온도를 사용하죠. 그리고 일상이 아닌 과학에서 사용하는 온도의 단위는 절대 온도인 켈빈(K)입니다. 화씨는 물론이고 섭씨 단위가 음의 온도를 가지고 있기 때문에 과학에서 사용하기가 여간 불편한 게 아니었고, 그래서 과학은 물질이 운동하지 않는 가장 낮은 온도를 기준으로 온도 체계를 정한 겁니다. 절대 온도는 섭씨온도 -273.15℃를 0K(켈빈온도)로 정의합니다. 절대 온도는 음의 온도가 없습니다. 그러니까 이 세상에서 가장 낮은 온도는 섭씨로 -273.15℃라는 거죠.

이 단위는 영국 과학자인 윌리엄 켈빈 경William Thomson, 1st Baron Kelvin, 1824~1907이 절대 온도 체계를 정립한 공로를 인정해 그의 이름을 따서 붙인 이름입니다. 그는 온도뿐 아니라 여러 방면으로 과학 발전에 크게 기여한 세계적 물리학자이자 전기공학자였습니다. 열 살에 대학에 입학해 전 과목 수석을 차지한 천재였으며, 많은 특허와 논문을 발표했죠. 그는 이론 연구에만 그치지 않고 많은 측정 도구와 도량형 정립에 기여합니다. 지금의 길이 단위인 미터법도 그의 손길이 닿아 있죠. 아인슈타인의 상대성 이론은 전자기 방정식을 완성한 맥스웰이 없었으면 불가능했습니다. 그런 맥스웰에게 패러데이의 이론을 소개한 사람도 켈빈 경입니다. 지금 우리가 누리는 첨단 정보통신의 기술에도 그의 몫이 어느 정도는 있는 셈이죠. 실제로 그는 대서양을 잇는 통신망인 해저케이블 설치에도 관여합니다. 그런데 '켈빈 경'은 그의 원래 이름이 아닙니다. 영국이 그의 공로를 인정하여 내린 귀족 호칭이고, 실제 이름은 윌리엄 톰슨이죠. 그는 과학계의 최고봉인 영국 왕립학회장의 자리에까지 오르며 당시 과학계에서 최고의 권위가 됩니다.

그런데 지구 나이를 둘러싼 논쟁에서 그는 전혀 다른 인물이 됩니다. 당시는 성서에 쓰인 사실을 토대로 지구의 나이를 약 6천 년이라 보던 때였고, 이를 반론하기가 쉽지 않은 시대였습니다. 과학계조차 지구의 지형을 만든 주요 원인이 노아의 홍수임을 인정하던 시절이었죠. 그런데 새로운 관찰과 이론이 등장하면서 성서를 기반으로 한 주장이 의심받기 시작했습니다. 새로운 이론에 따르면 지구가 처음 생겨났을 때는 태양처럼 뜨거웠고 점차 식으면서 지금의 모습이 되었다는 겁니다. 꽤 설득력 있는 이론이었고 지질학자들이 지구의 냉각 속도와 해수면의 하강을 관찰하고 계산하며 지구의 나이가 늘어났죠.

지구의 나이는 뷔퐁에 의해 7만 5,000년이 됐고 프랑스의 자연사학자 브누아 드 마예는 20억 년이라는 파격적 견해를 제시하기도 했습니다. 한편 과학계에서는 현재 일어나는 현상으로 과거를 설명하는 동일과정설이 등장했습니다. 홍수에 의한 격변설은 점점 지탱할 기반을 잃어가고 있었지만, 여전히 신은 과학적 사실에 개입하고 있었습니다. 라플라스는 태양계를 수학적 배열로 보았지만, 여기에도 여전히 신의 손이 존재한다는 믿음이 존재했고, 그것은 왕립학회장인 톰슨도 마찬가지였습니다. 그러니까 낡은 믿음이 새로운 의견과 비빔밥처럼 뒤섞여 있었죠. 톰슨은 학생 신분일 때부터 열역학에 깊은 관심을 보였습니다. '에너지'란 용어가 톰슨에 의해 처음 사용됐고, 열역학이란 학문도 개척되었습니다. 그의 계산법은 이랬습니다. 지구가 원래 태양의 일부였고, 태양에서 떨어져 나와 생성된 이후 일정한 속도로 냉각했다는 것이었죠. 그 단서는 광산에서 깊이 내려갈수록 온도가 높아진다는 사실에서 찾을 수 있고, 그래서 원래의 열원이 내부에 남아 있다고 생각한 것이죠. 그의 방식으로 계산한 지구의 나이는 1억 년이었습니다. 이 정도면 신의 존재를 인정하고도 많이 양보한 셈입니다.

그런데 이 주장은 지질학과 다윈의 진화론에서 추정하는 것과는 배치되는 것이었습니다. 지금의 험난한 지형을 가진 지구의 표면이 생성되고, 자연선택으로 종들이 변화하고 진화하기 위해서는 훨씬 더 긴 시간이 필요했기 때문이죠. 톰슨은 진화론을 받아들이지 않았습니다. 그렇다고 해서 지금의 창조론자처럼 성서를 곧이곧대로 받아들이는 입장도 아니었습니다. 자신만의 견해를 주장하고, 그에 맞지 않은 의견을 짓밟고 있었던 것이죠. 그의 생명 기원 주장에도 신은 등장합니다. 세균이 붙은 운석이 신에 의해 던져져 우연히 시작했다는 겁니다. 막강한 권위로 무장한 그의 의견은 과학 발전에 커다란 부정적 영향을 끼치게 됩니다.

1846년에 1억 년으로 시작한 지구의 나이는 한 사람의 아집에 묶여 앞으로 나아가지 못합니다. 왕립학회장의 지위는 이 논쟁을 세기말까지 무려 70여 년을 끌어갑니다. 이후 앙리 베크렐이 방사능을 발견해 지구 내부에 지속해서 열을 공급해주는 열원의 존재를 밝히고 나서야 톰슨의 주장은 종말을 고하기 시작합니다. 19세기 중반부터 20세기 초는 인류의 수많은 과학적 성과가 쏟아진 시기임에도 많은 과학자가 톰슨의 논쟁 대상이 되어 멸시와 고통을 받았고, 수십 년간 많은 학생이 톰슨의 교과서로 왜곡된 지식을 쌓기도 했습니다. 만약 톰슨이 편견을 고집스레 내세우지 않고 학문의 발전에 제동을 걸지 않았다면, 우리는 지금보다 더 많은 세상의 진실을 알게 되었을지도 모르겠습니다.

죄악은 상처이지 얼룩이 아니다

귀와 마음을 닫고 자신의 경험과 지식만 옳다고 주장하는 권력자의 영향력은 인류의 진보에 부정적 영향을 끼칩니다. 사실 우리는 이런 모습을 종교나 과학의 역사가 아니어도 쉽게 찾아볼 수 있습니다. 세상은 인류에게 큰 변화를 요구하고 있지만, 여전히 우리 주위의 권력들은 자신들의 주장을 내세우고 내로남불로 상대를 흠잡으며 귀를 열지 않습니다. 고집스런 정치적 이념이 자본의 지원을 받아 전쟁으로 이어지거나, 경제를 움직이는 도구가 무기가 되어 상대를 위협합니다. 그 과정에서 주로 상처를 입는 것은 지구상에서 가장 취약한 계층, 곧 가난하고 힘없는 이웃들입니다. 지금의 세계는 한쪽에서 던진 돌이 반대편에 파동을 일으킬 정도로 서로 얽혀 있어 먼 곳의 떨림이 반대편에 공명합니다. 결국 지구 어느 구석에서 겪는 고통은 온전히 그들만의 고통이 아니고 먼 길을 돌아와 위협과 위기라는 파동이 되어 우리에게 도달합니다. 그래서 권력과 권위를 가진 지도자, 그러니까 이른바 정상Summit에 선 이들의 생각과 태도, 그리고 행동은 중요합니다. 그러나 마치 동일과정설처럼 역사는 같은 모습으로 반복되며 권력자들의 과오를 되풀이할지도 모르겠습니다.

잘못은 누구나 할 수 있습니다. 하지만 잘못이 되풀이되는 것은 인류에게 행하는 죄악입니다. 평범한 삶을 꿈꾸지만 상처받은 우리는 과연 누구에게서 사과를 받아야 할까요? 그런데 영화에서 교황이 남긴 말이 떠오릅니다. "죄악은 상처이지 얼룩이 아니다. 치료받고 아물어야 하지 용서로는 충분하지 않다." 어쩌면 우리는 사과와 용서로 충분한 게 아닐지도 모르겠습니다.

12

지구의 미래

지구에는 임대차보호법이 없다

'숨 쉬는 기체'를 처음 분리한 조지프 프리스틀리

'오늘 아침 출근길, 단단히 준비하셔야겠습니다. 연일 계속되는 한파로 서울 아침 기온이 영하 17도로 떨어지고 한낮에도 영하권의 추위가….'

"빙하기가 왔나봐!"

출근 준비로 날씨 뉴스를 보다가 괜스레 혼잣말로 투정을 부려봅니다. 기록적인 한파가 연일 계속되니 몸도 마음도 겨울을 낭만으로만 느끼며 지내기가 쉽지 않습니다. 제가 어렸을 적에는 삼한사온이라는 법칙이 얼추 맞았던 것 같습니다. 며칠 동안 코끝이 따갑게 추운 날이 있다가도 포근한 날이 그만큼 지속되는 반복이 있었습니다. 이런 규칙적 순환을 통해서 소한, 대한, 그리고 입춘으로 이어지는 시간의 흐름과 자연의 변화가 있다는 것을 어린 나이에도 알 수 있었지요. 요즘은 사람들이 13한 2온을 말합니다. 실제로 강추위가 열흘 이상을 지속합니다. 정상적인 궤도에서 벗어난 변화를 최근에 자주 겪다 보니 자연의 규칙과 균형이 무너진 건 아닐까 하는 생각이 듭니다. 24절기가 무색하게 그저 춥기만 한 날이 계속됩니다.

정말 빙하기가 온 것일까요? 그런데 연일 뉴스에서는 지구가 따뜻해지고 있다고 합니다. 뉴스대로 겨울이 따뜻해져서 화창하고 온화한 날이 오랫동안 지속되면 사람들은 또 어떻게 반응할까요? 지중해 풍경처럼 깨끗하고 햇살 가득한 날이 매일 지속되면 좋을 것 같지만, 사실 이런 날이 지속되면 기상학에서는 일종의 가뭄으로 여깁니다. 인류에게 좋아 보이는 일이 자연에는 재앙이나 다름없습니다. 이건 모두 우리가 날씨와 기후의 차이를 잘 모르기 때문에 발생하는 오해입니다.

기후 위기를 경고한 책 『파란하늘 빨간지구』의 저자인 조천호 박사는 날씨는 '성격'이고 기후는 '품성'이라고 사람에 비유합니다. 품성은 오랜 시간 동안 다듬어져 사람이 갖추게 된 성격과 같은 겁니다. 갑자기 품성이 바뀌거나 변하지는 않지요. 혹한과 혹서로 이상기온을 보이는 건 날씨이고, 온난화라든지 지구 온도 상승을 말하는 건 기후입니다. 그러니까 날씨는 변할 수 있지만 기후가 변덕을 부리면 안 되겠죠. 기후가 바뀌는 건 무척 심각한 일인 셈입니다. 사계절이 뚜렷했던 한반도에도 계절의 경계가 움직이고 있습니다. 봄과 가을은 짧아져 순식간에 지나가고 긴 여름과 긴 겨울, 그리고 폭서와 한파가 기승을 부립니다. 이제 봄과 가을에 입는 춘추복이라는 이름이 사라질 정도지요. 국지적으로 기후가 변하고 있다는 걸 느낍니다.

이런 현상은 한국만이 아닌 세계적 현상입니다. 전문가들은 '이상 기후' 현상이 지구온난화 영향이라고 합니다. 사실 지구온난화는 이제 구시대의 용어가 됐습니다. 단지 온도만 문제가 아니라는 거죠. 이제 '기후변화'라는 새 용어가 등장할 만큼 문제가 급박해졌습니다. 그동안 지나치게 기후 문제에 절제해오던 과학자들부터 변했습니다. 영국 신문 『가디언』은 2019년 5월 '기후변화'climate change라는 용어를 '기후위기'climate crisis, climate emergency로 바꾸기로 했습니다. 기후위기의 주범으로는 흔히 온실가스인 이산화탄소를 지목합니다. 온실가스로 인한 지구 평균온도 2도의 상승을 저지하려다 1도에 육박한 현재 상황에서, 이제는 1.5도를 저지선으로 보고 있습니다. 지금보다 0.5도가 더 올라가면 기후가 티핑 포인트(임계점)에 접근한다고 경고합니다. 기후에서 티핑 포인트란 변화가 느리게 진행되다가 걷잡을 수 없이 급격한 속도를 내는 지점을 말합니다.

2019년 10월 『네이처』 지에는 지구 온도가 티핑 포인트에 근접했거나 이미 넘어섰을 수도 있다는 과학자들의 경고가 실렸습니다. 지금부터 온실가스를 배출하지 않아도 앞으로 1.5도까지는 간다는 예측을 내놓은 겁니다. 기후변화로 인해 발생한 국지적 이상 기온인 추위와 더위 때문에 연료를 더 태우게 되고, 이때 발생한 온실가스는 다시 기후를 변화시킵니다. 이른바 자동적인 되먹임 현상이 일어나는 것이죠. 이렇게 물고 물리는 끈은 분명 어딘가에서 끊어야 합니다. 그리 새로울 것도 없이 해결책은 탄소배출 제한과 화석연료를 대체할 새로운 에너지 개발밖에 없는 듯합니다.

화석연료의 역사

갑자기 이런 의문이 듭니다. "과학으로 나쁜 공기를 처리해 좋은 공기로 만들 수는 없을까?" 인류의 과학기술이 그만큼 진보했으니까 말이죠. 사실 공기의 질은 그 안에 포함된 물질의 종류로 평가됩니다. 물론 각종 연소반응으로 인해 온실가스뿐 아니라 오염 먼지도 나오지만 이산화탄소보다 심각하지 않습니다. 오히려 오염먼지의 대표적 성분인 황산염은 태양빛을 반사시켜 온난화 효과를 상쇄하는 효과도 있기 때문이죠. 그리고 이런 오염물질은 대기에서의 지속기간도 짧습니다. 황산염은 바로 수증기와 응결해 하늘에 구름으로 머물다 비나 눈이 되어 지각으로 내려옵니다. 또 겨울과 봄이 되면 누구나 황사를 문제 삼지만, 황사는 육지에 있는 미네랄을 바다에 공급하는 기능도 합니다. 그러니까 지구 생태계에서 보면 황사도 그저 나쁜 것만은 아닙니다. 사람의 호흡에는 지장을 주겠지만 자연은 인간이라는 생명체를 배려하거나 인류를 위해서만 작동하지 않으니까요. 결과적으로 수백 년 동안 대기에 남아 기후를 변화시킬 수 있는 이산화탄소가 문제입니다.

질문을 다시 구체적으로 해봅니다. 무작정 화석연료를 제한할 것이 아니라 아예 이산화탄소를 없앨 수는 없는 걸까요? 탄소와 산소 두 개가 결합한 분자 구조를 지닌 이 단순한 물질을 쉽게 포집해 분해할 수 있다면, 인류가 화석연료도 마음껏 사용하고 신선한 공기도 누릴 수 있을 텐데요. 지금의 과학기술이면 그리 어려운 일도 아닐 것 같습니다. 하지만 어려운 일이 아니기 때문에 안 하는 것이 아니라 효과가 없기 때문에 하지 않는 겁니다. 답을 알기 전에 다른 질문이 먼저일 것 같습니다. 인류는 수많은 물질 가운데 왜 이산화탄소를 배출하는 화석연료를 에너지로 사용하게 됐을까요?

1770년대 초에 조지프 프리스틀리Joseph Priestley, 1733~1804라는 과학자도 이런 엉뚱한 생각을 했습니다. 사람이 호흡하는 공기의 성분을 정확히 알지는 못했지만, 좋은 공기를 만드는 데에 식물이 중요한 역할을 한다는 것을 증명하려고 했지요. 그는 밀폐된 용기 안에 촛불과 식물을 넣고 식물이 초를 태울 수 있는 공기를 만든다는 사실을 알아냈습니다. 심지어 다음 실험에는 촛불 대신 생쥐를 넣어보기도 했지요. 그는 동물이 호흡하고 촛불이 타오르는 데 필요한 무엇인가를 식물이 제공한다는 사실은 확인했지만, 그 정체를 알지는 못했습니다. 이후에 프리스틀리는 산화수은을 가지고 비슷한 실험을 했고, 그래서 발견한 것이 바로 '산소'였습니다. 프리스틀리의 실험 덕분에 네덜란드의 잉언하우스Jan Ingen-Housz라는 과학자는 식물이 태양에너지인 빛과 물 그리고 '이산화탄소'를 재료로 광합성을 통해 양분을 만들어 그것으로 자신의 몸체를 짓고, 그 부산물로 산소를 방출하는 화학 과정을 발견합니다. 거꾸로 산소로 호기성 호흡을 하는 생명체는 탄수화물로 포도당과 에너지를 만들고 이산화탄소를 배출합니다. 산소와 이산화탄소라는 두 기체가 식물과 동물을 통해 서로 물고 물리는 관계를 맺는 셈이죠. 이제 이산화탄소만 잘 다루기만 하면 온실가스도 줄이고 맑은 공기도 찾을 수 있을 것 같습니다. 그런데 이 일이 말처럼 간단하지만은 않습니다.

초기 인류는 목재로부터 열에너지를 얻었습니다. 주변에 널린 숲으로부터 손쉽게 땔감을 얻은 겁니다. 그런데 15세기경 지구에 소빙하기가 찾아오자 인류에게는 추위를 견디기 위한 목재가 더 필요했습니다. 부족한 목재 대신 찾아낸 대체 에너지가 바로 화석연료인 석탄입니다. 과학사에서 17세기 유럽을 묘사하는 장면에는 어김없이 석탄이 나옵니다. 특히 영국의 스모그는 석탄으로부터 생겨났지요. 지상에 존재하는 석탄을 모두 소비하자 지각 내부로 눈을 돌려 석탄 광맥을 찾아 땅을 파게 됩니다. 이런 탄광의 채굴 활동에 방해가 되는 지하수를 빼내려고 만든 것이 바로 증기기관입니다. 이 열기관이 기차라는 운송수단의 엔진이 되어 석탄을 지구 곳곳에 빠르게 퍼뜨립니다. 이때부터 지구 대기에 이산화탄소가 급격하게 증가하게 되지요.

이산화탄소를 분해해 좋은 공기로 만들지 않는 이유

증기기관은 외연기관입니다. 실린더 외부에서 얻은 에너지로 물을 끓여 증기로 변환한 후 기계 에너지로 바꾸는 겁니다. 효율이 당연히 좋지 않았죠. 마치 백열전구로 공급되는 전기 에너지의 95퍼센트가 열로 손실되고 나머지 5퍼센트만 빛이 되는 것과 맞먹을 정도로 효율이 나빴습니다. 당연히 효율 좋은 열기관을 찾았고 19세기에 석유가 미국에서 발견되면서 열기관은 실린더 안에서 연료를 연소하는 내연기관으로 발전합니다. 그야말로 본격적인 화석연료의 시대가 된 겁니다.

목재에도 탄소가 있지만 순수하게 탄소로만 이루어진 화석연료와 비교할 만큼의 밀도는 아닙니다. 탄소로 이뤄진 물질인 화석물질이 산소와 결합해 발생하는 에너지가 크기 때문에 우리가 지금까지도 이 연료를 사용하고 있는 겁니다. 나무를 태워서 얻을 수 있는 열은 섭씨 1,000도에 불과하지만 석탄은 섭씨 1,500도까지 올릴 수 있습니다. 철이 이 온도에서 녹으니 화석연료의 개발과 철의 사용이 비례해서 늘어났다는 것을 쉽게 짐작할 수 있지요. 그렇다면 화석연료에서 얻는 에너지는 대체 어느 정도일까요? 우리는 이 에너지의 크기를 알기 전에 원소가 반응하며 에너지를 내는 이유를 알아야 합니다. 이 과학적 사실이 앞에서 말한 모든 궁금증을 해결해 주기 때문입니다.

두 원소가 반응해서 새로운 생성물을 만드는 밑바탕에는 여러 물리법칙이 있습니다. 그 가운데 딱 한 가지만 이해를 하고 넘어가겠습니다. 모든 물질은 에너지를 가지고 있습니다. 원자 하나에도 에너지가 있죠. 에너지는 높은 곳에서 낮은 곳으로 자발적으로 움직입니다. 뜨거운 물이 식는 것과 같은 이치입니다. 모든 물질은 에너지가 낮은 쪽을 좋아합니다.

이제 가장 간단한 분자를 예로 들어보겠습니다. 바로 질소 원자 두 개가 결합한 질소 분자 N_2입니다. 지구 대기의 78퍼센트를 차지하는 기체 물질이죠. 이제 질소 원자 두 개를 서로 멀리 떨어뜨려 봅니다. 원자 두 개가 가진 전체 에너지는 원자 하나가 가진 에너지의 두 배가 됩니다. 1 더하기 1은 2니까요. 그런데 질소 원자 두 개를 가까이 가져가면 이상한 일이 벌어집니다. 원자가 떨어져 있을 때보다 전체 에너지가 약간 낮아집니다. 둘의 합이 2가 되지 않는다는 겁니다. 따로 떨어진 상태보다 가까이 붙어 분자로 있는 편이 안정되기 때문입니다. 과학자들이 떨어져 있을 때의 전체 에너지와 가장 낮아진 전체 에너지 차이를 측정했는데, 이 차이가 분자의 결합에너지입니다. 이것은 외부에서 결합 에너지만큼의 에너지를 가하면 질소 분자를 두 개의 질소 원자로 떼어낼 수 있다는 얘기도 됩니다. 이 결합 에너지는 분자 물질마다 다릅니다.

질소는 다른 물질과 화학반응을 잘 일으키지 않는 기체로 잘 알려져 있습니다. 안정된 분자이기에 사람이 많이 호흡해도 영향을 주지 않죠. 이 말은 질소 분자가 잘 분리되지 않는다는 의미도 됩니다. 그렇다면 잘 분리되는 분자도 있다는 얘긴데요. 그 예로 염소 분자 Cl_2를 보겠습니다. 이 분자는 화학적으로 위험한 분자입니다. 염소는 반응성이 크고 다른 물질을 산화시키는 산화제로 살균이나 소독에 사용되고 전쟁에서 살상용 무기로도 쓰입니다. 염소 분자의 결합 에너지는 질소 분자의 4분의 1 수준입니다. 그러니까 결합 에너지가 크면 안정적이고 작으면 불안정하다는 사실을 알 수 있습니다. 게다가 질소 기체는 온실가스 역할을 하지 않는데, 그 이유는 의외로 간단합니다. 질소(N_2), 산소(O_2)처럼 하나의 원소로 구성된 기체는 적외선을 잘 흡수하지 않는 성질이 있기 때문입니다. 반면에 이산화탄소(CO_2), 메탄(CH_4)처럼 두 가지 이상의 원자가 결합한 분자는 구조적으로 적외선을 잘 흡수하여 대기의 기온을 높입니다.

이제 온실가스의 주범인 이산화탄소를 보겠습니다. 이 분자는 결합 에너지가 질소의 4분의 3쯤 됩니다. 분자 중에서는 평균 이상으로 안정된 분자입니다. 이렇게 결합 에너지가 높다는 것은 생성물이 반응물보다 안정되기 위해 큰 에너지를 방출한다는 뜻입니다. 이 말은 거꾸로 이산화탄소를 다시 산소와 탄소로 분리하는 데는 큰 에너지가 필요하기에 한번 만들어진 이산화탄소는 분리가 쉽지 않다는 겁니다. 이것을 분리하기 위해서는 외부에서 결합을 깰 만큼의 에너지를 가해야 하는데, 이 에너지를 얻기 위해서는 결국 연료를 사용해야 합니다. 그러니까 이산화탄소를 없애는 만큼 또 다른 이산화탄소를 배출해야 하는 겁니다. 최근 우리는 온실가스 감축의 일환으로 이산화탄소 배출량을 줄이려 하지요. 만약 이산화탄소의 결합 에너지가 낮았다면 줄이는 게 아니라 분해하는 데 집중했을 겁니다. 그리고 애초에 이산화탄소의 결합 에너지가 낮았다면 처음부터 에너지를 얻는 연료로 사용하지도 않았을 겁니다. 결국 모든 것이 서로 물고 물리는 관계였죠.

이제 정답이 나왔습니다. 이산화탄소를 줄이는 데 별 다른 방법은 없고 화석연료를 적게 사용하는 방법밖에 없습니다. 최근 등장해 친환경처럼 보이는 전기차도 배터리를 사용합니다. 배터리 충전을 위해서는 궁극적으로 화석연료를 통해 전기 에너지를 얻어야 하는 아이러니가 있습니다. 전기차가 정말 친환경인지 고민해 볼 필요가 있지요.

인류는 이산화탄소로부터 자유로울 수 없습니다. 지구 위에 생명체가 생기면서 산소와 이산화탄소는 지구 생태계의 순환과 에너지 흐름 속으로 들어왔고, 지구 생태계는 마치 일종의 유기체처럼 이 물질을 이용해 균형 있게 굴러왔습니다. 그런데 인류가 화석연료를 사용하며 그 균형을 흩트려 놓은 겁니다. 간혹 환경을 지키려는 글에 자주 등장하는 '인류의 후손을 위해'라는 문구는 어쩌면 현 세대 인류의 오만한 말일지도 모릅니다. 우선 지구는 인류의 소유물이 아니며, 기후변화도 이제는 후손만이 아닌 현 세대에서도 겪어야 할 고통이기 때문입니다. 이미 바다 생태계는 직격탄을 맞고 있습니다. 인류를 위해 온실가스 배출량을 줄여야 하는 것이 아니라 지구 위의 모든 생명과 자연을 위해 그 균형을 바로잡아야 합니다.

인류는 지구라는 부동산을 임대해 사용하는 세입자와 다를 바가 없습니다. 거대한 지구 역사라는 건물에 잠시 세 들어 사는 사람이 집을 어지르고 소란을 피우면 어떻게 해야 하나요? 지구에는 인류를 보호할 임대차보호법이 없습니다. 지금 우리가 느끼는 기후변화는 지구가 지구의 언어로 인류에게 임대 기간 만료의 경고를 보내는 것임을 깨달아야 합니다.

13

에어컨의 과학사

에어컨은 가족이다

최초로 에어컨을 발명한 윌리스 하빌랜드 캐리어

2019년 극한의 더위가 한반도를 찾아왔습니다. 110년 만이라고 합니다. 공식적으로 1908년 이전에 태어난 분들은 모두 사망한 것으로 확인됐으니, 모든 대한민국 국민이 난생처음 겪은 더위라고 해도 무리가 없어 보입니다. 불볕더위는 노모에게 8년 전에 새로 놓아드린 에어컨을 켜게 했습니다. 에어컨을 설치하던 날 시험 작동해 본 이후로 전기세가 무섭다며 단 한 번도 켠 적이 없던 에어컨이 작동을 한 겁니다. 염천은 알뜰한 노모의 고집마저 꺾을 정도로 대단했습니다. SNS에는 더위를 잊으려는 사람들의 재치 있는 글이 올라왔죠. 그 가운데 이정모 당시 서울시립과학관장님이 올린 글이 가장 마음에 들었습니다. 바로 에어컨은 가족이라는 겁니다. 노모 집

거실에 장식처럼 서있던 에어컨이 이제는 자식인 저보다 효자 노릇을 톡톡히 하는 가족이 된 겁니다.

당시 더위로 인한 온열 질환으로 48명이 목숨을 잃었습니다. 만약 에어컨이 없었다면 더 끔찍한 일이 벌어졌을지도 모릅니다. 분명 에어컨은 인류를 구해낸 발명품이 맞습니다. 가족으로 받아들여야 할 만큼 인류의 삶에 없어서는 안 될 물건이 됐지요. 하지만 인간에게 쾌적한 공기를 선물한 에어컨은 또 다른 열을 방출하며 도심을 데우고 있습니다. 폭염은 호텔이나 회사에서 에어컨 바람을 마음껏 즐기는 '호캉스'와 '회캉스'라는 신조어까지 만들었습니다. 휴가철인데도 사무실은 붐볐으며 도심은 에어컨 실외기에서 뿜는 열이 더해져 거대한 열섬이 됐습니다. 자연은 절대 손해 보는 일을 하지 않습니다. 우리가 식힌 열이 그만큼 자연으로부터 되돌아올 것을 생각하니 마음이 편치 않습니다. 에어컨은 인류에게 선물일까요, 아니면 달콤한 유혹일까요?

에어컨, 그 탄생의 기록

이번에는 에어컨의 과학사를 알아보겠습니다. 인류가 생활환경을 쾌적하게 만들기 위해 온도를 낮추려고 한 시도는 꽤 오래전부터 있었습니다. 고대 로마인과 중국인은 연못에 팬을 설치하고 벽 뒤에 수도관을 배치하여 찬 공기를 집 안으로 끌어들였지요. 18세기 인류는 물질의 상태 변화를 과학적으로 이해했고 상태 변화에는 열이 개입한다는 것을 깨닫습니다. 액체인 물이 얼거나 수증기가 되어 기화되는 변화에는 열이 개입한다는 거죠. 결국 에어컨은 열의 이동을 다룰 수 있는 장치인 셈입니다.

19세기에 들어와서 전자기학으로 유명한 과학자인 마이클 패러데이는 압축된 암모니아 액체가 낮은 압력에서 기체로 바뀌면서 주변 공기를 차갑게 만드는 현상을 발견합니다. 예를 들면 휴대용 부탄가스에서 노즐을 통해 나오는 기체로 인해 가스통이 얼어붙은 듯 차가워지는 것과 같은 원리입니다. 열을 가하면 물질의 상태가 변한다는 사실은 다들 잘 알고 있지만, 이렇게 물질의 상태가 바뀌는 과정에서 열을 배출하거나 빼앗는다는 사실은 그리 익숙하지 않을 겁니다. 하지만 에어컨으로 공기를 식히면 액체인 물이 발생하는 것은 누구나 알고 있습니다. 조금 더 물질의 상태와 열 변화의 과학을 알아보도록 하겠습니다.

흔히 고체, 액체, 기체로 분류되는 물질의 상태는 물질의 상相, phase에 따라 구분하는 기준입니다. 같은 물질이라도 물질의 상태는 조건에 따라 달라집니다. 액체 상태의 물은 고체인 얼음이나 기체인 수증기로 변할 수 있죠. 이렇게 물질의 상태가 변하는 현상을 '상전이' 혹은 '상변화'라고 합니다. 이제 열의 정체를 알아야겠군요. 모든 물질은 에너지라는 양적 요인을 가집니다. 물질의 온도는 물질이 가진 양적 에너지의 정도를 단위화된 수치로 표현한 것이죠. 그러니까 물질이 가진 에너지의 변화는 온도라는 지표로 표현되고, 결국 상전이는 에너지의 변화로도 설명할 수 있습니다. 이 에너지의 변화를 우리는 '열'이라고 합니다. 에너지는 그 자체적으로 증가하거나 사라지는 것이 아니라 이동에 의해 다른 형태의 에너지로 변화합니다. 그러니까 물질 간 열의 이동으로 에너지 변화가 설명되는 것이죠. 만약 어떤 물질 외부로부터 물질로 에너지가 공급되어 그 온도를 높이면 물질이 가진 내부 에너지가 상승해 물질의 상태를 변화시킵니다.

상태 변화의 조건에는 온도뿐 아니라 압력도 또 다른 주요 요인입니다. 일정 부피에 존재하는 분자들에 압력을 가하면 부피가 줄고 분자들 각각에 강한 힘이 작용해 분자 간 거리가 좁게 배열되죠. 기체를 냉각하는 방법으로 압력을 높여 액화시키는 방법이 있습니다. 부탄 가스통이 차갑게 느껴지는 것은 이런 이유이고, 사용 중인 부탄 가스통 표면에 서리가 끼는 이유도 일정 공간에 강한 압력으로 액화된 부탄 물질이 노즐을 통해 기체로 승화할 때 주변의 열을 빼앗기 때문입니다. 이렇게 물질의 상태 변화에는 온도와 압력에 따라 에너지가 비례하거나 반비례하는 함수가 성립합니다.

다양한 온도와 압력 조건에서 물질은 고체, 액체, 기체의 영역과 경계로 나뉘는데, 세 영역이 공간에서 만나는 점을 '삼중점'이라고 합니다. 삼중점은 세 가지 상태로 존재하는 게 가능한 온도와 압력 조건을 가진 지점을 말하는데, 이 점을 중심으로 작은 온도와 압력의 변화만 있어도 물질이 다른 상태로 상전이가 가능하기 때문에 과학기술자들은 이 조건을 변화시키며 물질의 다양한 상태에서 물성을 연구합니다. 사실 현대의 모든 냉각기술은 패러데이가 발견한 원리에서 크게 벗어나지 않습니다. 이후 인류의 냉각기술은 조금씩 진보하게 됩니다.

이제 미국의 한 공학자가 전자식 공기조절기를 발명하게 됩니다. 그는 1901년에 코넬 대학교 기계공학과를 장학생으로 졸업하고 난방기를 만드는 회사에 취직해 목재와 커피콩을 건조하는 난방장치 개발을 맡게 됩니다. 냉방과 난방의 핵심은 열입니다. 그는 난방장치에서 뛰어난 기술을 발휘했고 입사한 지 1년이 채 되지 않아 개발팀장의 자리에 올라갑니다. 그리고 이듬해 뉴욕에 있던 한 출판사로부터 습도조절기 개발을 의뢰받게 됩니다. 바다 근처에 있던 출판사는 여름의 고온과 습기 때문에 종이가 변형되어 제작을 제대로 할 수 없었기 때문입니다. 그야말로 출판사의 운명이 달린 문제였지요. 그는 공기를 조화롭게 하는 '컨디셔닝'Conditioning 장치를 만드는데, 이 전자장치가 최초의 에어컨으로 인정받는 이유는 온도 조절은 물론 습도를 조절하는 기능이 있었기 때문입니다. 이후에 그는 패러데이의 냉각 시스템에 기초해 열을 냉각하는 기술을 개발하고, 그밖에도 수많은 실험과 개선으로 특허를 따고 논문을 발표합니다. 하지만 1914년 제1차 세계대전이 일어나면서 다니던 회사가 군수물자 생산에 집중하자, 회사를 그만두고 따로 에어컨 전문회사를 차리게 됩니다. 이 회사의 이름이 '캐리어엔지니어링'입니다. 바로 지금의 캐리어코퍼레이션이라는 회사의 전신이지요. 이제 이 공학자가 누구인지 눈치 챘을 겁니다. 인류에게 큰 선물을 한 이 공학자는 윌리스 하빌랜드 캐리어Willis Haviland Carrier, 1876~1950입니다.

에어컨의 원리는 기화열에 의한 공기의 냉각입니다. 에어컨은 액체가 기체로 기화하기 위해 열을 흡수하고 다시 액체로 액화할 때는 열을 방출하는 원리에서 착안된 제품입니다. 냉장고도 에어컨과 마찬가지로 기화열을 효율적으로 얻기 위한 냉각 순환 시스템입니다. 그래서 냉장고에도 기화열을 얻기에 적당한 기체가 들어 있습니다. 사실 8년 만에 켠 제 어머니의 에어컨은 제대로 작동하지 않았습니다. 8년 동안 내버려둔 에어컨에는 '냉매'라고도 하는 냉각용 기체가 거의 남아 있지 않았기 때문입니다.

초기 에어컨의 냉매로는 독성이 강한 암모니아나 염화메틸 등이 사용됐고, 1920년대에는 인체에 안전한 프레온 기체가 개발됐지만, 프레온은 성층권까지 도달해 대기의 오존층을 파괴하는 문제가 있습니다. 그렇다면 친환경 냉매로 문제를 해결하면 되지 않을까요? 사실 에어컨은 전기가 없으면 동작하지 않습니다. 결국 전기에너지를 만들기 위해서는 화석에너지가 필수적입니다. 온실가스 증가로 더워지는 생활환경을 조절하기 위해 에어컨 가동을 늘려야 하고 또다시 온실가스를 내뿜어야 하는 악순환으로 들어가는 겁니다.

이런 이유로 전기가 필요 없는 냉방장치도 등장했습니다. 한동안 인터넷에 퍼졌던 페트병 에어컨입니다. 심지어 지상파 방송에서 전문가가 출연해 실험까지 했습니다. 공기가 페트병을 통해 좁은 병입구를 통과하면서 압력이 낮아지고 속도가 빨라질 때 주변 온도가 내려가는 원리를 활용한 냉각장치를 만든 겁니다. 무려 실내와 방안의 온도가 5도 차이가 난다고 합니다. 하지만 그 정도로 차이가 나려면 실제 페트병의 입출구를 지나는 공기의 온도차가 10도 이상 나야 합니다. 웃음거리로 끝난 유사과학이었지만 거기에는 에어컨 사용으로 지구 환경에 입는 심각한 문제를 해결하고자 하는 의도가 깔려 있었습니다.

에어컨을 사용하지 말아야 할까

2019년은 연평균 기온도 1973년 기상관측 통계 이래 두 번째로 높았다고 합니다. 계절평균 기온이 평년보다 2도 정도 높았다고 합니다. 그럴 리가 없다고요? 낮에는 40도에 육박하고 한밤중에도 30도에 가까운 열대야가 한 달 이상 지속했는데도 계절평균 기온이 2도밖에 오르지 않았다는 사실이 믿기 어려워 보입니다. 우리가 지독하게 덥다고 느낀 그 온도는 일시적이거나 국지적인 변화입니다. 그러나 평균온도 2도면 그것이야말로 엄청난 변화입니다. 2015년 파리기후변화협약에서 산업혁명 이전보다 1.5도 상승을 유지하기로 협약했습니다. 현재 겨우 1도가 상승한 상태인데도 전 세계적으로 기상이변이 뚜렷하게 나타나고 있습니다. 국립기상과학원이 기후변화 모델로 예측한 2100년의 지구는 그야말로 찜통 지구입니다. 북극의 얼음이 남아있을 리 없습니다. 당연히 북극곰도 더 이상 살기가 힘들겠죠.

파리기후협약, 탄소 배출권, 기후위기라는 용어는 이미 익숙해져서 누구나 잘 알고 있는 것처럼 보이지만, 막상 구체적 내용에 다가 가려고 하면 이 세계는 지구과학자나 환경전문가들만의 영역으로 생각하게 됩니다. 어쩌면 개인은 평생 경험해보지 않은 세계일 수 있습니다. 기후 문제를 협약한 장소인 파리 근처에 가본 적도 없는 서민의 삶과는 무관해 보이죠. 실제로 우리의 삶은 대한민국에, 일터와 동네에, 동료와 이웃에 머무를 수밖에 없습니다. 그러다 보니 정작 다른 세계가 우리 자신에게 깊숙이 들어와 있는 것에 대해서는 깊은 고민을 하지 않게 됩니다. 막연하게 작은 실천이나 생각해볼 뿐이죠. 온실가스가 탄소 배출과 관련 있다는 것은 알지만, 절감에 나서거나 책임지는 행동으로 옮기기 쉽지 않으니 방치하고 방임하게 됩니다. 그렇다고 에어컨을 사용하지 말아야 할까요? 더워도 참고 덜 켜야 할까요? 환경 문제는 이익을 보는 사람과 피해를 보는 사람이 일치하지 않는다는 데도 이유가 있습니다. 우리는 시원하게 여름을 보냈지만 우리 후손은 뜨거워진 지구에서 살아야 합니다. 무언가 정의롭지 않습니다.

우리는 삶의 은폐된 부분에 대해서는 무감각합니다. 농업의 기계화로 식량이 풍부해지면서 농사일을 도왔던 가축은 이제 식자재로 둔갑하여 공장 같은 설비에서 대량 사육되고 도축됩니다. 거미줄처럼 얽힌 물류 덕택에 우리는 언제 어디서나 풍부한 식량과 물자만을 봅니다. 우리 생활 속에 당연히 있어야 할 것이 있다고 생각하지만, 그것을 식탁에 올리기까지 우리 삶의 은폐된 곳곳에서 화석연료가 소비되고 가축이 고통을 받고 있다는 것을 생각하지 않습니다. 물자가 너무 넘쳐나니 한 사람이 일회용 플라스틱 사용을 줄이고 자동차를 덜 탄다고 달라질 것도 없어 보입니다. 하지만 그렇지가 않습니다. 플라스틱 하나가 줄면 그것과 관련된 모든 분야에 자극과 영향을 줄 수 있습니다. 소비가 줄면 그만큼 공급과 유통도 줄고, 화석연료에 의존한 생산도 줄어들 수 있죠. 작은 변화가 쌓이면 거대 차원에도 영향이 갈 수밖에 없습니다.

요즘의 더위는 여름의 상징인 매미 소리마저 잠재워 버렸습니다. 하지만 자연은 침묵하지 않습니다. 매미의 침묵으로 조용한 경고를 보냅니다. 우리는 이제 에어컨을 켜지 않고 살 수 없습니다. 하지만 진정 에어컨을 가족으로 맞이하려면 그만큼 자연을 위해 또 다른 부분에서 커다란 양보를 해야만 합니다.

14

기생충의 과학

안녕하지 못한 기생충

DDT를 합성하고 말라리아 퇴치에 이용한
파울 헤르만 뮐러

'연가시'라고 부르는 기생충에 감염되어 뇌를 조종당한 사람들이 물에 뛰어들어 죽는다는 내용의 영화 〈연가시〉를 기억하시는 분들이 많을 겁니다. 연가시는 물에서 짝짓기를 하기 때문에 번식을 위해 곤충과 같은 숙주의 뇌에 갈증을 유발하는 신경전달물질을 분비해 숙주를 물로 뛰어들게 합니다. 그 숙주를 인간으로 가정하여 풀어낸 영화는 그저 영화일 뿐이지만, 한 가지 아쉬운 점은 이 영화가 사람들에게 기생충에 관한 왜곡된 지식을 심어줬다는 겁니다. 이 영화는 대부분의 기생충이 숙주에게 피해를 준다는 생각만을 관객에게 남겼습니다. 그 뒤로 7년이 지난 후 기생충 영화가 또다시 등장했죠. 제목부터 〈기생충〉인 영화는 실제 기생충을 다룬 것이 아니라 누가 기생충인가에 대한 의문은 관객에게 맡기고, 우리 사회에 팽배한 사회적 격차와 차별을 영리하고 예리한 장르 기법으로 풀어냈습니다. '빈부 문제'와 '기생충'을 감독 특유의 연출로 연결했지요. 그런데 이 영화는 과거의 굴절된 정보를 또 한 번 관객에게 심어주었습니다. 무모하게 자신의 숙주를 파멸시키는 기생충을 보여준 겁니다. 물론 영화에서는 어디에서도 기생충을 명시적으로 표현하지는 않습니다. '넘을 듯하면서 선을 넘지 않는' 표현과 '특유의 냄새'라는 보이지 않는 선을 그어 세상을 이등분했죠. 영화는 이등분된 수직 구도 아래쪽의 삶을 전혀 아름답지 않게 그려냈고, 심지어 그 삶의 주역들을 사악하고 불결한 기생충으로 만들어 결국 숙주를 파괴해 공멸하거나 불멸하는 존재로 그렸습니다.

그런데 원래 기생충은 숙주를 죽이지 않습니다. 기생충의 목적은 숙주 안에서 오랫동안 사는 겁니다. 영화처럼 대책 없이 숙주를 죽인다면 기생충은 숙주와 함께 이미 세상에서 사라졌을 겁니다. 오히려 영화에서 기생충에 가장 가까운 모습을 찾는다면, 주인 몰래 지하 벙커에 숨어 식량을 축내고 은닉하는 삶에 만족하며 살던 가정부의 남편이겠죠. 가정부 문광은 자신의 남편을 지하 벙커에 숨겨놓고 오랜 시간 동안 먹거리를 대며 '양육'을 하다시피 합니다. 숙주로 묘사된 부잣집에서 한 끼 먹거리나 생활용품 정도는 아무것도 아닙니다. 그러니까 우리가 알고 있는 기생충은 숙주를 죽이지도 않고 숙주가 살아가는 데에도 별 영향을 주지 않는 경우가 대부분입니다. 그런데도 우리는 몸에 기생충이 있으면 큰 병에 걸린 것처럼 약을 투여해 없애려고 합니다. 그렇다면 우리가 알고 있는 기생충의 정보가 모두 틀렸다는 말인가요? 물론 일부는 맞을 수 있습니다.

기생충에 대한 오해와 진실

기생충의 숙주는 두 가지로 분류됩니다. '중간숙주'는 말 그대로 중간에 잠시 지나는 숙주입니다. 기생충이 어린 시절을 보내는 숙주이지요. 기생충이 어른이 되어 번식기를 지내는 숙주는 '종숙주'입니다. 중간숙주에 있던 기생충은 어느 정도 성장한 후에는 번식을 위해 종숙주로 가야 하는데 스스로 이동을 하지 못합니다. 그래서 기생충은 종숙주의 먹이가 되는 개체를 중간숙주로 삼아서 지내다가 종숙주로 옮아갑니다. 예를 들어 애완견이 걸리는 심장사상충처럼 기생충이 숙주의 생명을 직접적으로 위협하는 경우가 있죠. 하지만 이 경우의 애완견은 중간숙주일 뿐입니다. 종숙주에게는 기생충 대부분이 큰 피해를 입히지 않으며, 애완견에 흔히 발생하는 심장사상충의 실제 종숙주는 모기입니다.

기생충이 '실'을 닮은 모양이어서 '사상'絲狀이라는 이름이 붙은 심장사상충의 학명은 디로필라리아 이미티스Dirofilaria immitis입니다. 모기 안에 있던 기생충의 3기 유충들이 개가 모기에 물릴 때 피부를 뚫고 들어오는 것이죠. 심장사상충은 자신의 축소판인 마이크로필라리아microfilaria를 낳아 중간숙주의 혈관 속으로 내보내는데, 이 마이크로필라리아는 대략 2년 정도 살 수 있다고 합니다. 이 마이크로필라리아를 모기가 다시 흡혈하면 모기 몸 안에 들어가 3기 유충으로 자라는 것이죠. 심장은 전신에 혈액을 보내는 중요한 장기입니다. 심장사상충이 개의 심장을 침범하니 당연히 무리가 갈 수밖에 없죠. 그런데 이런 논리라면 사람도 감염될 수 있습니다. 그러나 사람은 다행히도 심장사상충에게 적합한 숙주가 아닙니다. 인체의 면역이 작동해 마이크로필라리아를 파괴하니까요.

인간의 경우 지금까지 기생충의 종숙주로 직접적 피해를 입어 사망한 사례는 거의 알려져 있지 않습니다. 확인된 사례 중 가장 유명한 것은 1963년 회충에 의해 죽은 9세 소녀입니다. 1,063마리의 회충으로 인해 장에 피를 공급하는 혈관이 눌려 장이 썩었기 때문이죠. 그 이유 때문은 아니지만 얼마 후 우리나라에서도 기생충 박멸운동이 시작됩니다. 지금도 기생충을 무조건 박멸해야 할 대상으로 여기는 것은 몇몇 기생충에 대한 편견으로 전체를 일반화하는 오류 때문일 겁니다. 이런 편견의 형성은 영화 몇 편으로 생긴 것이 아닙니다. 기생충이 특정 질병과 오랜 시간을 함께했고, 의학과 과학이 동원되어 인류가 박멸해야 할 대상으로 삼았던 경험 때문이겠죠. 그 중심에는 말라리아가 있습니다.

2015년 노벨생리의학상은 기생충 치료 분야에서 눈부신 성과를 거둔 과학자에게 수여됐습니다. 아직도 기생충에 대해 연구할 게 있느냐고 할지 모르지만 기생충 연구는 현재진행형이고 그 역사는 19세기 말부터 시작합니다. 그 과정에서 6번의 노벨상이 기생충과 관련된 것이었습니다. 긴 시간을 관통한 기생충 질병은 말라리아였고, 이로 인해 기생충 전체에 대한 오해가 생겼을 수 있습니다.

말라리아, 그 오랜 전쟁

말라리아 연구는 1880년 프랑스의 라브랑이 말라리아의 병원체가 특정 기생충에서 온 게 아닌가 의심하면서 시작됩니다. 이후 1897년 영국의 로널드 로스가 인도에서 조류 말라리아를 연구하다가 얼룩날개모기의 위벽에 붙어 있는 말라리아 원충을 찾아냅니다. 그는 모기를 통해 말라리아가 전파된다는 것을 밝혀내고 노벨상을 받습니다. 한편 기생충에 대한 연구는 고귀한 오류를 낳기도 했지요. 1926년에 요하네스 피비게르가 기생충이 위암을 유발한다는 연구로 노벨생리의학상을 수상했습니다. 암이 기생충 감염에 의해 발병할지 모른다는 가능성으로 학계에 커다란 파장을 불러일으켰죠. 100여 년 전에 암의 원인을 알아냈다는 건 큰 사건이었습니다. 하지만 후속 연구에서 원인은 기생충이 아니라 비타민A의 결핍이었고 실험 결과를 잘못 분석했다는 결론에 이릅니다.

과학 지식은 절대적인 것이 아닙니다. 때로는 옳은 것을 보고도 잘못된 결론을 유추하곤 합니다. 그러나 흥미로운 점은 완전한 실패가 아니라는 겁니다. 실수와 실패 이후에는 늘 중요한 발견이 등장합니다. 피비게르의 수상은 노벨상의 오점으로 남았지만, 그의 연구를 기반으로 실제로 다양한 박테리아나 바이러스가 암을 유발한다는 사실이 밝혀졌습니다. 스피롭테라 루피나 간흡충은 식도암이나 담도암을 유발합니다. 호주 과학자인 배리 마셜은 1980년대에 위궤양을 유발하는 헬리코박터 파일로리 박테리아를 위암의 원인이라 밝혔지요. 유두종 바이러스가 자궁경부암을 일으킨다는 것이 밝혀져 많은 여성이 백신으로 암을 예방하고 있습니다. 또 기생충 연구는 엉뚱한 질병을 치료하기도 합니다. 항생제가 없던 시절에 매독은 그야말로 천형天刑이었습니다. 당시 매독을 치료하는 방법 중에는 엉뚱하게도 환자에게 말라리아를 강제로 주입하는 방법도 있었습니다. 매독균이 고열에 약하므로 말라리아로 환자의 체온을 올려 치료한 겁니다.

지금은 잔류성 유기화합물로 사용이 제한된 독성물질 DDT는 말라리아 퇴치에 주로 사용된 물질입니다. 19세기 후반 오스트리아 화학자인 오트만 자이들러가 합성했지만 한참 뒤에야 살충효과가 밝혀지게 되죠. 1939년 스위스 화학자 파울 헤르만 뮐러Paul Hermann Müller, 1899~1965는 DDT를 새로운 방법으로 합성하고 살충효과를 확인해 1942년부터 대량생산에 들어갈 수 있게 합니다. 1948년 인류를 구원한 그의 DDT 연구에 노벨상이 주어지고, 그로부터 67년이 지난 후 기생충 관련 연구에 다시 한 번 노벨상이 수여됩니다. 중국, 일본, 아일랜드의 화학자들이 '사상충'이나 '림프사상충'뿐 아니라 다른 기생충 감염질환 치료에 효과가 있는 약물인 '아버멕틴'을 개발했고, 금지된 DDT를 대신할 말라리아 치료제인 '아르테미시닌'을 개발한 공로였죠.

수백 년의 지난한 세월 동안 인류를 괴롭힌 말라리아의 원인은 기생충입니다. 인간은 말라리아의 중간숙주일 뿐이지만, 기생충이 무조건 숙주를 죽인다는 공식도 여기에서 기인한 바 큽니다. 우리나라에서도 회충이나 요충의 끔찍한 사진으로 공포심을 유도하며 기생충 박멸을 위해 학생들 대변을 검사하고 구충제를 처방하는 연례행사를 치르곤 했습니다. 기생충 학자 서민 교수는 질병과 더불어 기생충의 끔찍한 외모 때문에 기생충이 더 부정적 이미지로 각인됐을 가능성이 크다고 합니다.

하지만 엄밀하게 말하면 기생충은 모든 숙주를 죽이지 않습니다. 회충이나 요충 등 우리가 잘 아는 기생충은 우리에게 별로 해를 끼치지도 않습니다. 비록 종숙주의 영양분을 조금 취하기는 하지만, 피해를 주지 않을 만큼의 선과 예의를 지키며 숙주의 삶에 나름의 기여를 하고 있지요. 공생 혹은 상생을 하는 셈입니다. 공포와 혐오의 대상이었던 이들 회충, 요충, 편충과 같은 기생충은 우리가 종숙주입니다. 자신의 존재를 감추고 우리 몸에서 기생을 해왔지만, 오히려 각종 미생물과 공생을 하면서 면역 시스템의 일부로 우리의 건강도 지켜왔습니다. 그 기생충을 몸에서 강제로 제거하면, 몸의 환경이 바뀌고 결국 면역에 이상이 와서 알레르기 등 자가면역 질환이 거꾸로 증가한다고도 합니다. 최근 의학계에서 알레르기 치료 연구에 기생충을 이용하기도 하지요. 이쯤 되면 기생인지 공생인지 혼동될 정도입니다. 이제 기생충에 대한 편견을 버릴 때가 됐습니다.

공생이냐, 공멸이냐

다시 영화로 돌아가 봅니다. '기생충'으로 표현된 가난한 기택의 아들 기우는 반지하에서 올라와 땅 위에서 사는 꿈을 꿉니다. 그리고 꿈에서 그치지 않고 숙주처럼 살려는 순간부터 사건이 벌어지기 시작합니다. 하지만 실제 기생충은 생태계 계층의 사다리를 타고 올라와 숙주처럼 살기를 바라지 않습니다. 물론 감독의 말대로 영화는 영화 자체로 보면 됩니다. 영화를 사회적 도구로 쓰기 위해 만든 건 아니겠지요. 하지만 만약 감독이 전하려는 메시지와 판단의 기준선이 '냄새'이고, 숙주와 기생충의 냄새가 다르다는 이분법적 구도를 의도한 것이라면 우리도 질문을 던져볼 수 있습니다. 현대 사회 역시 다양한 분야에서 무수한 냄새의 선을 긋고 있는 게 아닌지 말입니다. 학교에서도 직장에서도 학연과 지연은 물론이고 진골과 성골, 금수저와 흙수저라는 우스꽝스러운 단어로 선을 긋고 모든 것을 서열화합니다. 사회는 자본을 매개로 양극화되고 있으며, 부의 반대편은 인간적인 삶조차 영위하지 못하는 상황이 갈수록 심화되고 있습니다. 같은 아파트 단지에서 임대인가 분양인가를 가르는 선은 누군가에게는 칼로 느껴집니다.

말라리아 치료제가 수십 년 전부터 개발이 됐는데도 아직도 수백만 명이 그 혜택을 누리지 못하고 있는 것은, 냄새가 다르다는 이유로 그 선의 건너편에서 그저 바라보기만 하는 차가운 시선 때문은 아닐까요. 우리는 늘 달의 앞면만 보는 것처럼 달의 뒷면에서 일어나는 고통을 보지 못하고 있는지도 모르겠습니다. 냄새 나는 쓰레기는 우리가 잠든 시간에 치워지고, 혐오라는 딱지가 붙은 각종 시설은 멀리 보이지 않는 곳으로 옮겨갑니다. 수많은 외국인 노동자는 도심에서 떨어진 변두리 공장과 하우스에서 힘겨운 노동으로 우리 일상에 필요한 재료를 공급합니다. 영화를 본 많은 분이 불편한 느낌이 든 건 우리 사회의 그런 민낯을 보았기 때문일 겁니다. 우리에게 보이지 않는 선은 얼마나 많을까요?

영화에는 그들만의 언어인 모스 부호가 나옵니다. 그 언어를 이해하려는 노력이 없으면 기생충의 본래 목적과는 다르게 숙주와의 공생이 아닌 공멸하는 최후를 맞을지도 모르겠습니다. 종숙주가 기생충을 거부하면 기생충은 다른 종숙주를 찾기 위해 지금의 종숙주를 중간숙주로 삼을 테니까요.

15

시계의 물리학

나는 8시 99분에 출근한다

수학, 천체물리학에서 주요 원리들을 확립한
쥘 앙리 푸앵카레

달이 태양을 가리는 놀라운 우주쇼 '개기일식' 현상을 아실 겁니다. 매년 벌어지는 현상은 아니지만, 이 현상이 최근에만 나타난 천문 현상도 아닙니다. 태양과 지구와 달이 탄생한 때부터 있었던 매우 오랜 현상이죠. 삼국시대나 고려시대의 기록도 있고, 조선시대에는 무려 190번에 달하는 일식 현상을 기록하고 있습니다. 동서양을 막론하고 과거 인류에게 태양은 왕이나 신처럼 여겨지기도 했습니다. 한동안 인기 있던 드라마 〈해를 품은 달〉은 그것을 은유한 제목이라고 할 수 있습니다.

조선왕조실록은 태양을 잃은 일식을 하늘의 경고로 여겨 왕과 그 아래 신하들이 빛을 되찾을 때까지 소복을 입고 기다렸다고 기록합니다. 일식 예보에서 지금의 15분 정도인 1각刻을 틀려 경을 친 신하가 있었다는 기록은 권력자가 일식에 꽤나 민감했다는 사실을 알려줍니다. 당시 조선의 시간은 중국의 책력에 맞춰 정해져 있었지만, 중국의 북경과 조선의 한양은 위치가 다릅니다. 당연히 일식 시간도 달랐겠지요. 그래서 세종대왕은 조선만의 시간을 찾으려 했고, 해시계 '앙부일구'를 만들며 20년 동안 노력한 끝에 한양을 기준으로 한 조선의 시간을 완성합니다. 새로운 조선 책력에 맞춰 계산한 날짜인 1447년 8월 1일 신정申正 3각 50초에 예보한 일식은 제 시간에 일어납니다. 사람들은 이렇게 우주에서 일정한 속도를 가지고 한 방향으로 끊임없이 흘러가는 시간에 마디를 새기고 그 마디를 세밀하고 정교하게 다듬어갑니다.

시계는 어떻게 동기화되었나

고대문명 때부터 각 문명은 저마다의 방식으로 시간을 정했습니다. 여기에는 또 시계의 역사도 있습니다. 기원전 1500년경 오벨리스크에는 거대한 해시계가 있었고, 바빌로니아의 60진법으로 1시간을 60분으로 나누었습니다. 15세기 조선에 해시계가 있었듯이 17세기 유럽에는 진자시계가 있었습니다. 20세기에는 수정진동자를 이용한 정밀한 쿼츠 시계가 등장합니다. 세상을 움직이는 시간은 하나인데, 인류가 만든 시계들은 아무리 정밀해도 저마다 똑같은 시간을 알려주지 못합니다. 이런 오차는 보통사람이 살아가는 데 큰 지장을 주지는 않습니다. 하지만 인간의 공간이 확대되면서 시간의 오차는 전혀 다른 의미를 갖게 됩니다. 서구 제국주의에서 시간의 오차는 '동시성'이라는 큰 문제에 부딪칩니다. 항해술과 교통의 발달로 영토가 크게 확장되는 바람에 멀리 떨어진 곳들의 시간을 정확하게 맞출 필요가 생겼습니다. 물론 정확한 측지학도 필요했지요. 시간은 결국 공간 통제와 권력의 핵심이었습니다.

시간의 동시성에 대한 과학적 접근이 이루어지면서 자연스럽게 시간은 공간 안으로 들어갑니다. 19세기에 '시간의 동시성' 하면 떠오르는 두 인물이 있습니다. 아인슈타인은 공간과 시간의 측정을 체계적으로 정리해야만 비로소 물리학이 일관성을 지닐 수 있다고 믿었습니다. 여기에는 난해한 중력방정식을 푸는 물리학자가 아니라 여러 공간에 흩어져 있는 시계를 동기화하려 애쓰는 특허국 직원의 다소 낯선 모습이 보입니다. 그리고 잘 알려지지 않은 또 다른 인물이 있습니다. 아인슈타인보다 먼저 고민을 시작한 프랑스 수학자 쥘 앙리 푸앵카레Jules-Henri Poincaré, 1854~1912입니다.

서로 다른 공간에서 시계를 동기화하는 게 왜 그렇게 중요하고 어려운 걸까요? 지도를 펼치면 위도와 경도가 있습니다. 두 숫자만 알면 지구 위 어느 곳이든 정확한 위치를 알 수 있지요. 만일 북반구 어느 곳이든 북극성과 지평선의 각도가 같으면 시간과 관계없이 같은 위도라는 것을 알 수 있습니다. 위도 차이도 북극성과 지평선의 각도로 알 수 있죠. 하지만 두 지점의 경도 위치와 차이를 알아내는 것은 생각보다 어렵습니다. 각 지점에서 천문학적 측정을 위해 두 관찰자가 필요하고 삼각함수를 이용해 답을 구해야 합니다. 그런데 지구가 자전하면서 두 지점이 움직이므로 문제가 복잡해집니다. 시간의 오차 없이 두 장소에서 정확한 동시 측정을 해야 하는데, 바로 '동시'라는 문제가 발목을 잡는 겁니다. 두 관찰자의 시계가 같은 시간이어야 하니까요. 경도 문제는 곧 시간의 문제였습니다. 이렇게 공간은 시간과 촘촘하게 얽히게 됩니다.

두 사람은 서로 다른 방식으로 영향을 주고받으며 '시간'이라는 공통된 고민을 멈추지 않았습니다. 사람들은 아인슈타인이 생계를 위해 특허국에서 근무한 과학자로 오해하고 있지만, 사실 특허국에서 보낸 시간 대부분은 시계 동기화 특허 업무였고, 이 경험과 고민이 이후에 나온 이론물리학적 성과의 토양이 된 것입니다. 그가 한 일은 이 시간과 공간의 문제를 우주로 옮긴 것이라고 할 수 있습니다. 즉 고전물리학의 중력 문제를 시공간으로 풀어낸 것이지요. 아인슈타인이 시간 좌표화를 위해 물리학을 새롭게 다질 무렵, 푸앵카레는 프랑스 경도국장까지 오르며 공간을 견고하게 다지고 자신만의 방식으로 시간에 접근합니다. 아마도 국가가 그에게 맡긴 막대한 임무가 그의 시간 고민을 깊게 만들었을 겁니다.

19세기 전자기학 이후에 발달한 전기와 통신은 제국의 영토 확장에서 철도와 항해라는 교통수단 못지않은 혈관 역할을 합니다. 영국과 프랑스는 도시들에서 나라 전역으로, 그리고 식민지에까지 해저케이블을 깔아 전신망을 확장합니다. 구리선 위로 시간 정보가 흐르면서 세계지도도 새롭게 분할됩니다. 이제 누구나 인정하는 국제기준 경도(본초자오선)가 필요해졌습니다. 결국 땅의 중심은 시간의 중심이기 때문입니다.

1884년에 본초자오선이 영국을 지나는 것으로 결정되자 프랑스의 저항은 거셌습니다. 프랑스는 경도의 측정, 지도 제작 등 실질적인 문제에 몰입합니다. 시간과 지도라는 세계 질서에 프랑스의 흔적을 남기고 싶었던 거죠. 이 중심에 푸앵카레가 있었습니다. 심지어 그는 하루를 24시간으로 하고 분을 10진법으로 나누는 시간 개혁안까지 제시합니다. 그러니까 8시 99분 다음이 9시인 겁니다. 언뜻 보기에 합리적이고 연속성이 있어 편리해 보입니다. 그런데 물리학자들의 반대로 시간의 10진법은 무산됩니다. 이렇게 시간대와 십진법 그리고 본초자오선을 둘러싼 격렬한 대립은 프랑스 경도국의 모든 시도를 무력화합니다. 하지만 푸앵카레는 시간의 탐구를 측지학에만 가둬놓지 않고 전자기학과 물리학으로 들어가 시간에 관한 사고의 단편들을 짜 맞추고 있었습니다. 결국 그의 탐구는 아인슈타인의 상대성 이론이 발표되는 20세기 초에 빛으로 좌표화된 아인슈타인의 시계와 만나며, 시간 좌표의 문제는 마무리됩니다.

시계의 동기화는 모든 이에게 중요했습니다. 한때 미국이 돈 많은 부호에게 천문대의 시간을 판매했던 사실은 비록 그것이 부의 과시라 하더라도 시간의 중요성을 누구나 인지했고 필요로 하고 있었다는 사실을 말해줍니다. 전기통신으로 천문대의 시간이 구리선을 통해 모든 시계탑까지 갈 수 있게 된 후, 다시 무선전파가 등장하면서 푸앵카레는 에펠탑의 첫 임무로 라디오 전파를 송출하여 바다에 떠있는 배와 가정으로 시간을 보냈습니다. 우리도 남산에서 송출하는 라디오에서 정각을 알리는 시보를 듣고 사람들이 각자의 시계를 맞추곤 하던 때가 있었습니다. 그러던 것이 지금은 100만 년에 1초 오차를 가진 원자시계와 일반상대성 이론이 적용된 인공위성의 GPS로 공간과 시간을 동기화합니다. 외국에 나가서도 휴대전화를 켜면 GPS로 위치를 찾아 원자시계와 동기화된 시간이 나타납니다. 시간은 곧 경도이고 세계지도에 그어진 경도선이 바로 시간입니다. 지도 위 시간의 전선은 그냥 만들어진 선이 아니었습니다. 제국주의의 야망과 전쟁, 그리고 산업화와 과학이 얽혀 만들어낸 겁니다.

시간은 누구의 것인가

지금은 세상과 우주의 시간을 재는 기준선이 영국 그리니치 천문대에 있습니다. 1884년 국제협약에 따라 영국의 0시를 기준으로 다른 나라의 시간을 정합니다. 지구는 자전을 하니까 지구 둘레를 나누어 하루를 만듭니다. 그런데 본초자오선을 중심으로 정확하게 24등분을 해야 할 것 같지만 그렇지 않습니다. 세계시각을 나타내는 지도를 보면 이 선들이 들쭉날쭉 합니다. 하루의 숫자가 달라지는 날짜변경선을 보면 육지와 섬을 피해 그어져 있지요. 우리나라의 경우 그리니치 시각에서 9시간이 빠른 GMT+9를 사용합니다. 그런데 각 나라는 자기 고유의 시간대를 가질 수 있습니다. 대륙이 큰 경우 시간대를 여러 개로 나누기도 합니다. 호주는 서머타임까지 적용해 7개의 시간대를 사용하며 그 안에서 45분 차이가 나는 지역도 있지요. 한국과 같은 경도에 있는 북한은 2015년 한반도의 시각이 도쿄 표준시에 맞춰져 있다는 이유로 30분을 앞당겼고, 최근 다시 원래 시각으로 북한의 시간을 맞췄습니다.

이처럼 공간에 따라 시간은 다르고 각각의 공간에 적합한 시간이 사용됩니다. 공간마다 시간은 다르지만 그 차이만큼 시계는 정확하게 동기화되어 있습니다. 100만 년 동안 1초밖에 오차가 나지 않는 원자시계와 상대성 이론이 적용된 GPS로 공간과 시간이 동기화되어 전 세계가 마치 정밀하게 돌아가는 커다란 시계 같은 생각이 들지만, 결국 각국의 정치경제적 이해관계와 보이지 않는 힘으로 세분되어 있습니다. 물리적 자연현상인 시간이 인류가 만든 권력에 의해 지배된다는 생각마저 듭니다.

그런데 우리의 시간은 과연 누구의 것일까요? 마치 신의 소유물과도 같은 시간을 인류가 눈앞에 가져왔음에도 인류는 오롯하게 시간의 주인 노릇을 하고 있지 못합니다. 자본주의 사회에서는 시간을 분모로 하고 일의 양을 분자로 하여 효율이라는 공식을 만들었죠. 짧은 시간에 많은 일을 해야 경쟁력이 있습니다. 그래야 성장이라는 말을 할 수 있으니까요. 우리의 삶을 지배하는 효율과 성장에는 시간이 늘 변수로 존재합니다. 물리학에서 속도는 운동거리를 시간으로 나눈 값입니다. 결국 효율과 성장은 속도로 측정되고, 인류는 더욱 바빠지고 있습니다. 시간이 자본을 구성하는 자원이 되어, 같은 일을 누가 더 적은 시간 안에 해내는지 보고 그것을 돈으로 환산합니다. 이 자원은 처음부터 합리적으로 배분되지 않았습니다. 권력을 중심으로 가장 불평등하게 배분되는 것이 시간이라는 자원입니다. 권력을 가진 집단은 그렇지 못한 집단의 시간마저도 통제합니다.

2011년 개봉한 영화 〈인 타임〉은 시간을 돈처럼 사고파는 사회를 그립니다. 커피 한 잔에 4분이고 권총 한 자루가 59년입니다. 도저히 과학적으로 성립하지 않는 상상의 세계이지만, 여기서도 시간은 권력을 유지하는 자원으로 등장합니다. 권력이 된 시간을 둘러싸고 폭력이 난무하지요. 시간이 묵시적 자원이 아닌 명시적 자본으로 바뀌면 어떻게 될까요? 인공지능에 의해 인간 노동의 상당 부분이 대체되고 지금까지 인류의 고유한 소유였던 노동 시간이 단축되면, 남아도는 시간은 인류에게 어떤 모습으로 다가올까요? 갑자기 엄청난 시간이 주어지면 그 자체로는 아무데도 쓸 수 없는 화폐처럼 축적과 지배의 대상이 될지도 모르겠다는 생각이 듭니다.

이러한 재화를 우리의 주권으로 바꿀 수는 없을까요? 현대인은 늘 시간이 없고 시간에 쫓겨 다니는 타임 푸어의 삶에 처해 있습니다. 자신의 시간을 스스로 결정하지 못하는 무력감에 시달립니다. 그저 조각난 시간에 자신을 올려놓고 짧은 위안을 받지만, 또다시 정확한 시간에 맞춰 자신의 몸을 일터에 옮겨놓습니다. 분명 주어진 시간은 24시간인데 자신의 것 같지가 않습니다. 누구에게나 똑같이 주어진 시간에 대해 얼마나 주권을 행사하고 있는지 생각해보게 됩니다.

미터와 킬로그램처럼 국제단위계의 하나인 시간은 과학의 단위에 그치지 않습니다. 시간은 철학이고 인문학이기도 합니다. 푸앵카레의 십진법처럼 나만의 시간 주권을 누려보고 싶은 생각이 듭니다. 내일은 8시 59까지 출근해 8시 60분부터 8시 99분까지 책을 읽을까 합니다. 그 시간 동안은 휴대전화를 끄고 복잡한 세상의 시간과 동기화하는 것도 잠시 멈춰볼까 합니다.

Ⅳ부

세상과 맞서다

인간은 지구의 주인이 아니다. 만약 외계인이 지구에 근접해 행성을 지배하고 있는 생명체를 지목해야 한다면 그 주인은 미생물일 것이다. 그럼에도 불구하고 인간은 미생물을 하찮고 작은 미물이라 여긴다. 인류는 주인 행세를 하며 다른 생명체를 배려하지 않고 마구 살아왔다. 결국 자연은 기후 위기라는 모습으로 인류의 생존에 위협으로 찾아왔다. 그런데 이 위기는 인류의 입장에서 위기였다. 이 위기가 갑작스러운 것은 아니다. 위기 이전에 변화가 있었다. 인류로 인해 자연이 변화했고 자연 생태계와 생명체에 먼저 위기가 찾아왔다. 사실 자연의 위기는 인류에게 알린 일종의 경고였다. 인류는 여전히 그 경고를 무시하고 있다. 지구는 물이 가득한 행성이다. 기후 변화는 지구의 물 순환부터 바꿨다. 그리고 인류는 개발이라는 명목으로 터전을 넓혀갔다. 생태계는 파괴되고 생명체는 서식지를 잃었다. 결국 생명체들이 인간 곁으로 가까이 오게 됐다. 자연에서는 서로 만나기 힘든 생명체들의 활동 영역이 인류의 서식지와 뒤섞이기 시작하고 여기에 바이러스까지 편승하며 동물의 몸을 거쳐 인간의 몸에 올라탔다. 결국 우리는 세상에 없던 질병에 맞서 싸우고 있다. 하지만 우리가 정작 맞서 싸워야 할 상대는 질병이 아니라 우리 자신이지 않을까.

16

현미경의 세상

"중요한 건 눈에 보이지 않아"

세포를 처음 발견한 과학자 로버트 훅

'돋보기'라는 단어를 곱씹어 생각하면 아름다운 우리말이라는 생각이 듭니다. 보고자 하는 대상을 두드러지고 명확하게 보여준다는 의미를 그대로 담은 말이기 때문입니다. 대상이 반드시 유형의 사물에만 그치지 않습니다. 실체가 없는 무형일 수도 있지요. 가끔 복잡하게 보이는 사람의 마음이나 사건 혹은 세상에 돋보기를 대어 보기도 합니다.

어떤 방식으로든 누구나 한번은 돋보기를 사용한 경험이 있을 겁니다. 어쩌면 지금 이 글을 읽으려고 돋보기를 꺼내는 분도 있겠지요. 어릴 적에 돋보기를 들고 이곳저곳을 다니며 작은 곤충이나 물체를 확대해본 기억도 있을 겁니다. 둥근 유리 렌즈로 확대해서 보는 세상은 신기하고 흥미롭습니다. 마치 우리가 사는 세상에 겹쳐진 다른 차원의 우주를 확인하는 듯한 경험 때문이겠지요. 그러나 인간이 가진 자연적 능력으로는 보는 데 한계가 있어서, 인류는 늘 한계 너머에 존재하는 큰 세상 혹은 작은 세상을 궁금해 합니다. 그래서 도구를 가지고 눈으로 보는 능력을 키우고자 했으며, 돋보기는 그 가운데 대표적인 도구입니다. 그런데 과학에서는 돋보기만으로 부족합니다. 돋보기보다 더 크게 확대해 관찰하는 도구가 필요하죠. 우리가 잘 알고 있는 현미경입니다.

학창시절에 현미경을 통해 양파껍질의 표피세포를 관찰해본 경험이 있을 겁니다. 양파 세포의 경우 약 천 배의 배율을 가진 현미경 정도면 자세히 관찰할 수 있습니다. 광학현미경은 일반 돋보기와 달리 여러 기능의 렌즈를 겹쳐서 큰 배율로 사물을 확대해 관찰할 수 있게 만든 광학기구입니다. 하지만 여기에도 한계가 있습니다. 광학현미경은 빛의 성질을 이용해 가시광선 조명에 반사되거나 투과된 사물의 상을 확대한 겁니다. 아무리 확대를 해도 물리적 한계 때문에 가장 짧은 가시광선 파장의 절반인 200나노미터보다 더 작은 물체는 식별하기 어렵습니다. 이 현상을 발견한 독일 과학자 에른스트 아베의 이름을 따서 '아베 회절 한계'라 부릅니다.

현재 과학자들은 원자 크기의 미시세계를 관찰하기 위해 광학현미경보다 더 정밀한 관측 장치를 사용합니다. 광학현미경으로 보는 가시광선이 아니라 탐침과 레이저를 이용하거나 전자를 이용해 형상을 관찰하는 장치입니다. 이 장치들은 아베 회절 한계를 포함한 여러 한계를 하나씩 극복하고 새로운 발명과 개선을 통해 더욱 정밀해졌죠. 엄청난 성능의 현미경이지만 엉뚱하게도 과학자들을 괴롭히는 한계가 또 있었습니다. 바로 '진공'입니다. 진공이 현미경과 어떤 관련이 있을까요? 이번에는 현미경의 과학사 한 편을 보겠습니다.

현미경의 과학사

17세기 영국에는 지금의 시각으로 보면 천재이자 괴짜인 한 과학자가 있었습니다. 그 과학자 로버트 보일은 영국왕립학회가 발족한 후 거물 과학자 대접을 받지만, 낡은 사상을 고수하기도 한 인물입니다. 백내장 치료에 인분을 말려 눈에 붙인다든지, 처형된 죄수의 손에 생긴 땀이 치유 효과가 있다고 믿었으니까요. 물질의 상태에 대한 연구는 그에게 매력적 대상이었죠. 보일은 액체의 온도가 내려가면 고체로 동결되어 팽창한다는 것을 보여주기 위해 유리관에 물을 넣고 얼려서 부피의 팽창으로 유리관이 깨지는 실험을 하고, 기체도 다양한 방법으로 연구합니다. 유명한 '보일의 법칙'은 일정 온도로 유지되는 기체에서 부피와 압력은 반비례한다는 법칙입니다. 이 실험은 공기가 원자와 분자로 이뤄져 있으며 무게도 있다는 사실을 알려줍니다. 결국 이 인식은 진공을 만들 수 있는 계기가 되었지요.

진공이란 뭘까요? 진공은 공간 안에 물질이 존재하지 않는 것을 말합니다. 진공을 만들려면 어떻게 해야 할까요? 원시적인 방법이지만 밀폐된 공간에 있는 기체 물질을 펌프를 통해 뽑아내는 방법이 최선입니다. 어릴 적 진공의 개념을 정확하게 알지 못했지만 유리 우유병을 진공으로 만들겠다고 입으로 공기를 수차례 빨아내는 실험을 한 적이 있습니다. 덕분에 유리병 안의 낮아진 압력으로 입 주변 피부의 모세혈관이 터져 등에 부황을 뜬 것처럼 입 주변이 흉하게 변했죠. 지금의 최첨단 진공기술도 원리상으로는 그 엉뚱한 시도와 별로 다르지 않습니다. 현재 인공적으로 도달할 수 있는 최고 진공도에도 $1cm^3$당 약 3만 5천 개의 기체 분자가 남아 있다고 합니다. 완전한 진공은 그만큼 어렵죠.

진공을 인식하게 해준 보일의 위대한 실험에는 로버트 훅Robert Hooke, 1635~1703이라는 조수가 있었지요. 훅은 기계장치를 만드는 실력이 뛰어났습니다. 진공펌프도 훅의 작품이었지요. 그럼에도 로버트 훅은 보일의 법칙에 자신의 이름을 알리지 못합니다. 하지만 그는 다른 실험적 시도로 역사에 이름을 올립니다. 바로 지금 말하려는 현미경입니다.

명석했던 로버트 훅은 적극적이고 활발한 활동을 한 과학기술자였습니다. 당시 왕립학회는 과학자들의 공연장이나 다름없었는데, 훅은 자신이 직접 들어갈 수 있는 진공 용기를 만들어 공기를 빼내는 실험을 직접 했을 정도였으니까요. 물론 당시 펌프가 고장 나는 바람에 질식하진 않았지만, 그는 늘 도서관보다는 실험실이라는 현장에서 자연의 법칙을 알아내려고 한 과학자였습니다. 대단한 부자였던 보일과 달리, 훅은 어쩌면 자신의 발명으로 특허를 내고 수익을 올려야 생계를 꾸릴 수 있었기 때문에 열정적으로 발명을 했는지도 모르겠습니다. 그를 영국의 레오나르도 다빈치라고 칭한 작가가 있을 정도였으니까요. 그는 사물을 확대하는 렌즈에 큰 관심을 보였고 렌즈를 통해 미시세계를 철저히 연구하기 시작했습니다. 기계를 만드는 실력이 뛰어난 그는 렌즈 몇 개를 조합해 사물을 더 가까이 볼 수 있는 장치를 만듭니다. 그가 만들어 사용한 장치가 바로 근대 현미경의 시초가 됐습니다.

물론 현미경은 그 이전에도 있었습니다. 독일의 안경 제조업자 한스 얀센에서 시작해 갈릴레오가 볼록렌즈와 오목렌즈의 조합으로 복합 현미경을 만들었죠. 현미경microscope이라는 이름은 이때 붙여집니다. 하지만 미시세계를 들여다보기 위해 대물렌즈를 만든 것은 로버트 훅과 동시대 인물인 네덜란드 상인 안톤 판 레이우엔훅Anton van Leeuwenhoek입니다. 그는 과학자도 아니고 그저 직물의 섬유를 자세히 검사하기 위해 렌즈를 가공했지요. 레이우엔훅은 이후 미생물을 관찰한 최초의 인물이 되어 '미생물학의 아버지'로 불리게 됩니다. 사람의 정자는 물론 단세포를 관찰하기까지 했으니까요. 솜씨가 좋은 로버트 훅도 그보다 한 걸음 앞서 기존 현미경을 개량합니다. 그가 개량한 현미경은 현재의 광학현미경과 비교해도 손색이 없을 정도였습니다. 그는 접안렌즈를 따로 만들었고 조명 램프를 따로 사용했으며 조리개 기능까지 첨가했습니다.

당시에는 지금처럼 현미경 이미지를 사진으로 촬영할 방법이 없었습니다. 그는 현미경을 통해 본 것들을 손으로 정밀하게 그렸으며, 그 그림들을 모아 『마이크로그래피아』(1665)라는 책으로 출간합니다. 이 책에서 세포cell라는 말이 처음 등장합니다. 그가 코르크 마개에서 방처럼 생긴 조직을 발견해 이름을 붙인 겁니다. 그의 그림 실력은 훌륭했습니다. 책에 실린 곤충 세밀화를 보면 혹이 과학자인지 화가인지 헷갈릴 정도입니다. 우리가 최근 논문이나 기사에서 보는 원자나 분자의 모습은 형형색색의 멋진 이미지이지만 현미경 자체가 그런 이미지를 직접 보여주는 건 아닙니다. 요즘의 과학자들은 프로그램으로 화가의 임무를 수행해야 합니다. 원자나 분자를 볼 수 있는 현미경은 광학현미경과 달리 눈으로 보는 것이 아니기 때문이죠. 그런데 여기서 진공은 또 무슨 관계가 있을까요? 그저 진공 연구에 참여했던 과학자가 엉뚱하게 현미경이란 장치를 만들었던 것뿐일까요?

현미경의 혁신

2017년 노벨화학상은 극저온 전자현미경 기술에 수여되었습니다. 그 이유는 생명체의 복잡한 분자 구조를 원자 수준에서 상세하게 관찰할 수 있게 했다는 것입니다. 왜 화학상을 현미경 개발자에게 수여했는지 언뜻 이해하기 어렵습니다. 우선 전자현미경 기술은 물리학 분야에 가깝고, 현미경은 17세기부터 꾸준히 개선되어온 기술입니다. 게다가 수상자인 세 명의 과학자도 물리학자입니다. 그런데 왜 하필 화학 분야에서 이 상을 줬을까요?

최근 사용하는 전자현미경은 고전적인 광학현미경과 달리 원자 단위까지 구별할 수 있는 분해 능력을 가지고 있습니다. 하지만 생화학 분야에서는 여전히 한계를 가지고 있었습니다. 그 한계는 단순히 현미경만의 문제가 아니었습니다. 생물체가 대상인 것이 문제였죠. 과거 17세기 로버트 훅도 살아 있는 생명체를 현미경으로 보려고 무진 애를 썼습니다. 그런데 살아 있는 개미나 벼룩 같은 생명체가 현미경 위에서 가만히 있을 리가 없죠. 게다가 생명체를 죽이면 사체가 변형되기 때문에 온전한 모양을 그릴 수 없었습니다. 그래서 훅이 개미들에게 술을 먹여 재웠다는 일화도 있습니다.

전자현미경은 빛 대신 전자빔을 사용합니다. 전자빔을 사용하기 위해서는 높은 진공 상태라는 조건이 필수적입니다. 전자빔이 공기 속에 있는 기체 분자들에 의해 방해를 받기 때문입니다. 등산하다 보면 높은 곳에서 밀폐된 과자 봉지가 빵빵하게 부풀어 오르는 것을 볼 수 있습니다. 바로 보일의 법칙입니다. 외부 압력이 낮아지니 봉지 안의 기체 부피가 커진 겁니다. 그런데 진공 상태에서는 압력이 낮아 산 위에 올라간 과자 봉지처럼 세포가 부풀어 터져버립니다. 세포 안의 물 분자 때문이죠. 결국 전자현미경은 고체 물질의 관찰에는 적합하지만, 생화학 분야에서 바이러스나 단백질, 세포 구조 같은 미시세계를 자연 상태 그대로 관찰할 수 없었습니다. 바로 진공이 발목을 잡은 겁니다.

극저온 전자현미경 기술로 노벨화학상을 수상한 사람은 리처드 헨더슨, 요아힘 프랑크, 자크 뒤보셰라는 세 과학자입니다. 노벨상을 받았을 때 이들의 평균 나이가 70세가 훌쩍 넘었으니 평생을 협업하며 현미경 연구에 헌신한 겁니다. 리처드 헨더슨은 전자현미경을 개선해 데이터를 얻었고 요아힘 프랑크는 선명한 3차원 영상으로 해석을 했습니다. 이제 진공이 남았습니다. 자크 뒤보셰는 진공에서 생체 분자가 파괴되지 않게 고정할 기발한 방법을 제공했습니다. 현미경에 물을 넣고 액화질소를 이용해 급속 냉각하자는 아이디어입니다. 생체 분자 주변까지 동결해 고진공에서 분자의 원래 모양을 유지한 겁니다. 그래서 이름을 극저온 전자현미경cryo-electron microscopy이라고 지었습니다. 이제 생체 분자를 원자 수준의 해상도로 영상화하여 볼 수 있게 된 것이죠.

이 기술이 얼마나 대단한 업적일까요? 세포의 감춰진 부분이 원자 단위에서 샅샅이 포착됩니다. 생체 분자의 구조를 정확히 알면 단계별 변화와 움직임으로 그 작동 원리를 알 수 있습니다. 결국 그 변화와 움직임을 조절할 방법을 찾을 수 있다는 겁니다. 이 정보로 신약을 만들 수 있고 질병을 치료할 수 있습니다. 분자생물학, 생화학, 의학 분야에서 인류에게 흥미로운 미래를 선사할 만반의 준비를 갖춘 셈이죠. 이 발명이 혁신적이라고 하는 이유입니다. 2014년에도 초고해상도 광학현미경으로 노벨화학상이 수여된 바 있습니다. 당시 아베 회절 한계를 넘어서는 현미경을 만들었지만 그래도 한계는 존재했고, 그 한계를 다시 극복하고 이제는 인간의 한계가 정말로 사라졌다는 찬사가 과하지 않을 정도였죠.

인류는 자연을 이해하기 위해 도전과 실패를 반복합니다. 로버트 훅의 진공과 현미경은 3세기를 지나 지금의 세 과학자에게 이를 때까지 긴 여정을 걸어야 했습니다. 수많은 시행착오를 겪으며 칠순이 넘어서까지 해답을 찾으려 했던 이들의 노력도 대단하지만, 오랜 세월 동안 멀리 보고 지원을 아끼지 않은 연구 환경이 부럽기도 합니다. 우리는 복잡하고 어지러운 세상을 제대로 보기 위해 돋보기나 현미경 하나쯤은 가지고 살아야 합니다. 하지만 자세히 볼수록 볼 수 있는 영역은 좁아집니다. 돋보기와 같은 확대경은 현미경도 되지만 뒤집어 보면 망원경처럼 먼 곳을 볼 수도 있습니다. 특히 미래를 다루는 정책에는 두 가지 기능이 균형을 이룬 통찰이 중요합니다. 중요한 것은 눈에 보이지 않을 수 있기 때문입니다. 상대적으로 우리나라 과학계의 연구 환경을 돌아보게 됩니다. 수많은 과학자의 노력에도 불구하고 우리 스스로 만든 한계에 갇힌 상황입니다. 돋보기를 들고 자세히 보기 전에 뒤집어 먼 곳을 봐야 합니다. 통찰력과 인내를 가지고 큰 그림을 볼 수 있는 국가적 혜안이 아쉬운 때입니다.

17

바이러스의 발견

바이러스 확산을 닮은 소셜 미디어

천연두의 대부 에드워드 제너

생전 처음 겪어본 통증이었습니다. 몸에 퍼진 열기로 눈을 뜨기 어려웠고 온몸을 몽둥이로 두들겨 맞는 느낌이 어떤지 알겠더군요. 가까스로 몸을 추슬러 동네 병원 문을 열었을 때 로비를 가득 채운 환자들이 눈에 들어왔습니다. 마치 전염병처럼 무언가 동네를 휩쓸고 지나간 듯했습니다. 접수를 하고 환자들 틈에 앉아 차례를 기다리는데 눈앞에 묘한 광경이 연출되고 있더군요. 대부분의 환자가 고통스러운 표정으로 앉아서도 스마트폰을 보고 있었습니다. 아픈 몸에도 무언가 열심히 쓰기도 하고 읽기도 하는 모습이었습니다. 간단한 진료와 검사를 마친 후 독감 진단을 받았습니다. 처방전을 받고 지난번 백신 접종을 미루었던 일을 후회하며 아픈 몸을 끌고

약국으로 갔습니다.

독감을 '독한 감기' 정도로 여기는 사람이 있지만, 독감influenza은 감기common cold와 분명 다릅니다. 감기는 리노바이러스나 아데노바이러스 등이 호흡기 세포에 침투해 일으키는 질병입니다. 독감만큼은 아니지만 감기 역시 고통스럽습니다. 하지만 대부분의 감기 처방약은 해열진통제나 진해거담제로 증상을 완화하는 약이고, 감기 자체도 그저 잘 먹고 잘 쉬면 면역계로 자연 치유되곤 합니다. 면역계에 의지하는 이유는 감기 바이러스를 직접 치료하는 약은 없기 때문이죠.

독감도 바이러스로 인한 것이지만 감기와는 다릅니다. 독감에 걸리면 인플루엔자 바이러스가 폐로 침투해 급성 호흡기 질환을 일으키지요. 증상은 심한 감기 이상이고 합병증으로 사망에 이르기도 합니다. 다만 감기와 달리 백신이 있죠. 바이러스는 두 질병 말고도 인류에게 재앙이었습니다. 신대륙 발견 당시 인디언 문명이 멸망한 것은 유럽인의 학살도 있었지만 대부분 유럽에서 건너간 천연두와 홍역 때문이었지요. 먼 나라 이야기만도 아닙니다. 조선 숙종 33년 평안도에서 시작한 홍역은 보름 만에 3만 명의 사망자를 냅니다. 당시 인구가 1,500만이었으니 지금으로 치면 보름 만에 15만 명이 사망한 겁니다. 우리가 극심한 어려움을 겪는 것을 '홍역을 치른다'고 표현하는 데는 이런 유래가 있습니다. 그러나 인류는 백신이라는 대항군을 갖게 되면서 바이러스로부터 해방됩니다.

백신을 알아내기까지

인류는 언제부터 이런 백신의 존재를 알아냈을까요? 소cow를 뜻하는 라틴어 바카vacca에서 유래한 백신vaccine은 면역을 제공하는 항원을 뜻하는 용어입니다. 하지만 인류는 백신의 존재 이전에 면역을 스스로 터득했다는 게 맞을 겁니다. 두창痘瘡이라고도 부르는 천연두는 인류의 역사와 같이한 질병입니다. 당연히 민간요법이 있었지요. 천연두를 가볍게 앓는 사람의 수포 딱지를 긁어 피부에 넣기도 했습니다. 그러니까 환자의 항체를 약하게 넣어 자체적으로 항체를 만드는 방법이죠. 민간에서 전해오는 요법이 다소 무모하거나 효과는커녕 부작용을 일으키기도 하지만, 때로는 지혜가 엿보이기도 합니다. 분명 당시에는 통계적으로 가장 치료 확률이 높은 처방이었을 테니까요.

이 사실을 놓치지 않은 사람이 영국인 의사 에드워드 제너Edward Jenner, 1749~1823였습니다. 그는 이런 민간요법이 실제로 효과가 있다는 믿음을 가지고 과학적으로 입증하기 시작했습니다. 지금 생각하면 다소 무모한 실험을 했지요. 1796년에 소젖을 짜는 여성의 물집에서 우두 고름을 빼내어 어린아이에게 주입했던 겁니다. 현대 의학에서 신약을 동물실험도 거치지 않고 바로 임상시험에 쓴 셈입니다. 게다가 이 어린아이는 제너의 집을 관리하는 정원사의 아들이었죠. 요즘 같으면 세간의 비난이 들끓었을 겁니다.

아이는 우두에 걸렸지만 바로 회복했고, 제너는 아이에게 다시 천연두 균을 주입했습니다. 하지만 아이는 천연두에 걸리지 않았죠. 자신감이 붙은 제너는 자신의 자식을 포함해 23명에게 유사한 실험을 했고 이 방법이 옳다는 것을 증명합니다. 그는 이 방법을 '백신'이라 이름 붙이고 논문으로 발표합니다. 이후 제너는 의사 일까지 그만두고 백신 연구에 몰두합니다. 인류의 재앙인 천연두 근절을 자신의 사명으로 삼은 거죠. 결국 그는 인간의 우두 농포를 추출해 건조 보관하고 필요할 때 주입하는 방법을 개발합니다. 제너의 노력으로 시작해 인류는 1970년대 말 천연두 정복을 발표하게 됩니다. 그렇다면 천연두 바이러스는 지구에서 완전히 사라졌을까요? 천연두 바이러스는 아직 존재합니다. 미국과 러시아 정부의 연구소에 보관하고 있기 때문이죠. 그런데 제너의 건조 보관법도 그렇고 천연두의 연구소 보관에 의문이 생깁니다. 바이러스는 생명체 같은데 보관을 한다는 게 이해가 안 됩니다.

바이러스는 온전한 생명체라 보기 어렵습니다. 생명에 대한 정의에 따르면, 스스로 대사하고 유전 정보를 통해 복제와 번식을 해야 생명체라고 할 수 있으니까요. 바이러스는 지름 100나노미터도 되지 않는 크기로 겉껍질이 있고 그 안에 유전자 정보를 담은 RNA로 구성됩니다. 그저 복잡한 단백질로 된 입자 물질에 가깝습니다. 그러니까 영양분을 주지 않아도 되고, 조건만 맞으면 파괴되지 않고 오랫동안 보관이 가능한 겁니다.

어떻게 생명도 아닌 것이 자신보다 큰 존재를 무력화할까요? 바이러스는 세포에 침투해 껍질을 깨고 자신이 가진 유전자를 세포 안에 꺼내 놓습니다. 이게 바이러스가 하는 일의 전부입니다. 나머지는 숙주 세포의 작동에 맡깁니다. 세포는 정체도 모르는 바이러스 유전자를 복제해 수많은 바이러스를 세포 안에서 만듭니다. 그렇게 복제된 바이러스는 세포를 터뜨리고 다른 세포로 퍼지는 거죠. 우리 몸은 60조 개의 세포로 이뤄져 있고 모든 세포는 1초도 예외 없이 자신을 포함한 세포 안에 들어온 외부 물질이 어느 편인지 증명을 합니다. 마치 신분증을 검사하는 것과도 같습니다. 신분증도 일종의 단백질이고 세포는 면역세포에 이 신분증을 보여줍니다. 면역세포가 우리 편이 아니라고 판단하면 그 세포를 살해하지요. 그래서 면역세포를 킬러세포라고도 합니다. 박테리아는 항생제로 치료할 수 있지만 바이러스는 이 면역기능만이 유일한 대처 방법입니다. 그런데 자체 면역기능이 부족할 때 외부의 침입에 대해 대항군을 만드는 것이 바로 백신의 역할이지요. 우리의 면역세포가 바이러스를 인식하는 것은 '겉껍질' 부분입니다. 감기를 일으키는 바이러스가 다양해 백신을 만들기 어려운 건 이 겉껍질이 200종이 넘고 계속해서 변하기 때문입니다. 어쩌면 재앙은 단순히 바이러스 탓만이 아니고 우리 능력의 부족 때문인지도 모르겠습니다.

소셜 미디어가 바이러스가 될 때

약국에 처방전을 제출하고 약을 타기 위해 기다리는데 병원에서 본 광경처럼 대기자들 대부분이 스마트폰을 보고 있더군요. 이런 모습들을 보고 있자니 소셜 미디어에 빠진 우리 자신이 바이러스 확산의 과정을 닮았다는 생각이 들었습니다.

가령 홍역은 MMR 백신 덕에 2010년 미국이 홍역 소멸을 선언할 만큼 거의 사라진 질병입니다. 그런데 최근 홍역이 부활했고 그 원인이 꽤 흥미롭습니다. 홍역의 부활은 지금으로부터 20여 년 전인 1998년 영국에 근무한 한 의사로부터 시작됩니다. 그가 MMR과 자폐증 사이의 상관관계를 주장한 겁니다. 물론 이 연구는 오류로 판명되어 의학계에서 사라진 정보가 됐습니다. 그런데 SNS의 확산과 함께 이 연구가 사실인 것처럼 부활한 것입니다. 잘못된 연구가 홍역 괴담으로 번졌고, 아동의 의무적 백신 접종을 반대하는 주장이 제도적 권위에 맞서 개인 선택을 강조하는 포퓰리즘 선동으로 이어집니다. '약 안 쓰고 아이 키우기'의 준말인 이른바 '안아키'가 유행처럼 번진 겁니다. 그로 인해 일각에서 홍역 백신 접종을 거부하는 움직임이 일었고 거의 사라진 홍역을 부활시킨 거죠.

이런 사례는 우리의 평소 모습과도 많이 닮았습니다. 유사과학은 물론이고 소셜 미디어에 떠도는 수많은 정보가 모두 진실이고 도덕일 수는 없습니다. 우리에게 킬러세포와 같은 면역기능이 제대로 작동하고 있는지 반추해야 할 지점에 온 겁니다. 외부 물질이 세포에 들어올 때처럼 낯선 정보를 접할 때는 우선 그 옳고 그름을 확인하는 자세가 필요하지 않을까요? 만약 거짓이거나 정의롭지 않다면 킬러세포가 하듯이 정보를 죽여야 합니다. 하지만 소셜 미디어의 특성 때문인지 이런 기능이 전혀 작동되지 않는 경우를 왕왕 보게 됩니다. 보고 싶은 것만 보려 하는 습성과 욕구로 인해 우리는 무가치한 정보의 조각들에 확증편향을 가지고서, 손에 든 도구로 쉽게 복제를 해 정보 유통 플랫폼으로 실어 나릅니다. 그 확산 방식은 바이러스의 그것과 다르지 않습니다. 괴담과 악성 콘텐츠로 피해자가 생기고 사회는 병들어갑니다. 우리가 악성 바이러스를 퍼뜨리는 세포가 되는 셈이지요. 물론 백신 역할을 하는 전문가와 시스템이 있지만 그것만으로는 수많은 정보를 제어할 수도 없고 자정작용에도 시간이 걸립니다. 가장 좋은 방법은 스스로 면역이라는 근육을 기르는 것이지요. 우리는 끊임없이 세상과 자신 스스로를 의심하고 질문하며 오류와 윤리를 재차 반문하여 사실과 정의로움을 찾는 근력을 길러야 합니다. 이것이 정보시대에 사회라는 생명체에 속한 세포 구성원으로서 최소한의 역할이지 않을까요.

2020년은 코로나19 바이러스로 인한 팬데믹 사태가 지구촌을 강타한 해입니다. 팬데믹을 통과하는 시점에서 우리는 정보를 생산하거나 근거를 제공하는 전문가 집단과 정부기관의 책임과 의무도 다시 점검해야 합니다. 코로나19 사태는 선진국이라고 하는 유럽과 미국의 민낯을 드러내면서, 이들 선진국들의 신뢰도를 날개도 없이 추락시킨 사건이기도 했습니다. 에드워드 제너 덕분에 인류 최초로 바이러스를 정복하고 이후 백신 개발의 정상을 유지한 곳이 영국입니다. 코로나19에 대해서도 영국이 백신 개발에 의미 있는 걸음을 내디뎠고, 미국의 거대 제약회사가 2상 이상의 임상에 돌입했다는 소식도 들렸습니다. 그리고 이후에는 러시아와 중국까지 경쟁에 참가하여 누가 먼저 백신을 개발하느냐에 세계적 이목이 집중됐습니다. 물론 이 백신 경쟁에는 속내가 있겠지요. 어느 나라, 어느 기업이 의료시장을 우선적으로 선점하느냐 하는 경제 논리가 숨어 있습니다.

2020년이 지나면서 코로나 바이러스와의 전쟁이 종식될 시기도 조금 더 가까워졌습니다. 백신은 과학의 산물입니다. 따라서 과학이 그러하듯이 백신도 하루아침에 등장할 수는 없습니다. 그러나 백신 개발에 숨은 경제 논리 때문에 너도 나도 의미 있는 데이터를 여과 없이 쏟아내려고 합니다. 신자유주의적 경쟁 위에 설계된 경제 체제에서 기업은 무엇보다 주가로 평가받으려고 하니까요. 인터넷으로 정보의 접근성이 유리해진 개인들마저 이런 정보에 민감하게 반응하여 백신 개발 소식에서 눈을 떼지 못합니다. 이런 때일수록 사실과 다른 정보가 확산되어 쉽게 혼란을 일으키기도 합니다. 이런 약해진 틈새로 악성 정보가 마치 바이러스처럼 접근해 사회적 신뢰라는 면역체계를 또 한 번 무너뜨리는 것이죠. 여전히 인류는 자연의 경고에도 배움이 없는 걸까요.

18

돼지열병의 과학

케냐로 갔던 영국 돼지, 바이러스로 돌아오다

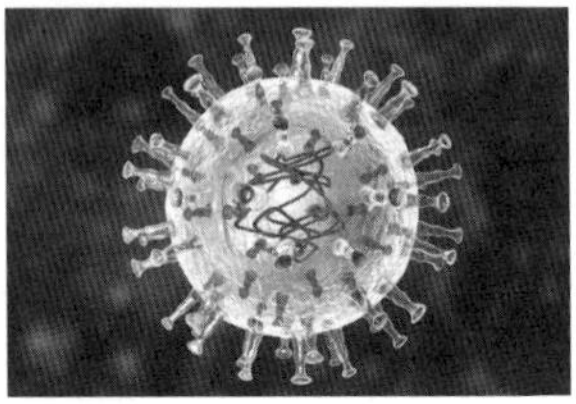

아프리카돼지열병 바이러스

경기도 파주시에는 한강과 임진강을 끼고 북쪽으로 뻗은 자유로가 있습니다. 어느 날 업무로 자유로를 달리다가 목적지로 가는 지방 도로로 빠지자마자, 앞선 자동차들이 오도 가도 못하고 길게 늘어선 끝에 줄을 서게 되었습니다. 먼발치에서 방역 소독으로 하얀 연기 같은 것이 피어오르는 광경이 눈에 들어오더군요. 차 유리창에 알 수 없는 화학물질이 뿌려졌고, 흐릿해진 창밖으로 흰색 패널 위에 '아프리카돼지열병 방역작업'이라는 붉은색 글씨의 문구가 보였습니다. 구제역이나 조류독감이 그랬듯이 사람들은 아프리카돼지열병도 조만간 진정될 거라 믿고 잘 협조하는 듯했습니다.

아프리카돼지열병 바이러스African Swine Fever Virus(이하 ASFV)는

몇 가지 유형이 있는데 미미한 증상을 일으키는 유형도 있다고 합니다. 하지만 2019년 가을 우리나라에 들어온 바이러스는 높은 치사율의 고병원성 바이러스입니다. 정확한 사실과 엄밀성을 좇는 과학에서는 '100퍼센트' 같은 극단적 수치를 잘 사용하지 않는데, 이 유형은 감염되면 예외 없이 전부 사망하기에 100퍼센트라 해도 무리가 없습니다. 그래서 돼지사육 농가의 긴장감은 이전과 사뭇 달라보였습니다.

아프리카돼지열병 바이러스가 무서운 이유

ASFV는 얼마나 지독할까요? 2009년 유행한 신종플루를 기억할 겁니다. 이런 감염성 질병에 흔히 노약자가 취약할 거라는 생각과 달리 당시에는 건강한 젊은 사람들이 꽤 희생됐죠. 바이러스는 세포로 들어가 증식하고 세포를 터뜨리며 퍼집니다. 그런데 당시 신종플루가 목표물로 삼은 대상은 면역세포였습니다. 면역세포는 외부 침입자를 발견하면 신호를 보내는 역할을 수행합니다. 신호를 받은 또 다른 면역세포(B세포)가 항체를 생산하죠. 그런데 신종플루 바이러스가 이 통신 기능을 교란시키는 겁니다. 게다가 감염세포를 자살하게 하는 면역세포의 기능까지 방해합니다. 흔히 '세포자살' apoptosis이라 부르는 세포의 자연적 사멸 기능은 그 이름과 달리 노화된 자신뿐만 아니라 외부에서 침입한 바이러스의 증식을 막는 순기능을 합니다. 그러니까 이런 자살 기능을 방해하는 게 신종플루

바이러스에게 중요했죠. 숙주인 면역세포를 살려야 자신이 번식할 수 있기 때문이죠. 면역세포 간의 통신을 매개하는 것은 신경신호와 같은 전기신호가 아니라 단백질입니다. 그런데 바이러스가 숙주의 과도한 면역반응을 불러일으키면 이 단백질이 폭풍처럼 휩쓸고 다니며 다른 세포를 공격합니다. '사이토카인 폭풍'cytokine storm이란 바로 이 단백질의 이름을 따서 붙인 이름이죠. 오히려 방어체계가 좋은 숙주가 감염에 취약한 셈이고, 젊은 사람들이 더 피해를 본 것도 그 때문입니다. 그런데 ASFV도 이와 비슷한 행동을 합니다. 말 그대로 돼지 생태계에 죽음의 폭풍을 몰고 오는 거죠.

그렇다면 조속히 백신을 만들면 되지 않을까요? 그게 말처럼 쉽지는 않습니다. 돼지에게도 치명적이었던 구제역이나 조류인플루엔자의 유전자 크기는 염기 서열이 만 개 내외로 작은 바이러스에 속합니다. 그리고 유전자 개수도 열 개 남짓이죠. 그런데 ASFV는 염기 서열이 20만 개에 가깝고 유전자 개수도 160개가 넘는 큰 바이러스입니다. 큰 유전체를 가지고 있는 만큼 바이러스 입자의 크기는 수백 마이크로미터에 달합니다. 유전체가 많으면 변종이 많아 백신을 만들기도 어렵습니다. 게다가 대형 바이러스가 어떤 수용체를 인식해 세포에 붙는지조차 알아내기 어렵죠. 바이러스가 세포에 달라붙는 걸 방해하는 방식의 치료를 할 수가 없는 겁니다. 바이러스 일부를 백신으로 쓰는 사백신은 별 효과가 없는 것으로 나타났고, 병원성을 일으키는 유전자를 고장 낸 바이러스로 만드는 생백신은 효과가 있다고 하나 아직 안전성 문제가 있다고 합니다.

그러면 방법이 백신밖에 없을까요? 아프리카 사하라 사막 이남에 사는 혹멧돼지를 포함한 세 종류의 멧돼지 속屬은 이 바이러스에 반응하지 않는다고 알려져 있습니다. 이미 풍토병이 되어 숙주의 단백질이 세포의 방어 작용을 무화시키는 바이러스의 단백질과 상호작용을 하지 않는 거죠. 그래서 이것이 앞으로 연구의 핵심 방향이 될 겁니다. 다른 방법이 또 있을까요? 최근 등장한 '크리스퍼 가위'라는 유전자편집 기술이 있으니까 유전자 서열을 바꾸면 가능할 것 같습니다. 실제로 2016년에 시도해 성공했다는 논문도 있었죠. 하지만 유전자 변형 돼지는 아직 나오지 않았습니다. 물론 유전자의 '편집'과 '변형'은 다른 문제이지만, 옥수수의 유전자 변형에도 떠들썩한데, 돼지의 경우에는 유전자 조작 논란이 훨씬 심해질 겁니다. 유전자 편집이나 변형은 물론 쉽지 않은 길입니다. 오랜 시간 걸쳐온 진화의 결과로 얻은 설계도를 인류의 짧은 지식으로 바꿨을 때 생각하지 못한 재앙이 올 수도 있습니다. 결국 근본적인 해결책이 마련되기 전까지는 방역만이 유일한 방법으로 보입니다.

방역의 핵심은 전파 경로를 아는 겁니다. 그래서 방역당국은 이 경로를 차단하는 '이동 금지' 조치를 가장 먼저 취합니다. 바이러스의 전파란 바이러스가 어떤 길을 따라 이동하는 거죠. 이 말을 들으면 사람이 놓은 도로를 따라 바이러스가 다닌다는 얘기처럼 들리기도 하고 멧돼지가 이동하는 모습도 떠오릅니다. 하지만 거시적 관점에서 보면 결국 사람의 이동이 주원인입니다. 바이러스의 경로에 대해 역추적을 해보면 특히 그러합니다. 이 바이러스는 어떻게 아프리카에서 동아시아의 이 먼 땅까지 왔을까요? 마치 몇 년 사이에 번진 것 같지만 무척 오랜 시간이 걸렸을 겁니다. 수십 년, 아니 수백 년 걸려 우리에게 왔을 수도 있습니다. 그런데 균이 지나온 길은 인간의 자본주의적 욕망과 폭력의 확산 경로와도 너무나 닮아 있습니다.

인간과 바이러스

코페르니쿠스의 학설이 시발점이 되어 기독교적 세계관을 뒤흔들고 시장의 이해관계가 나타나고 종교전쟁이 시작된 15세기 유럽은 지진이 일어난 것처럼 정치와 시장의 판이 요동쳤습니다. 16세기부터는 대서양 연안 국가들로 무게 중심이 바뀌어 에스파냐, 포르투갈, 프랑스 그리고 영국이 유럽의 중심 국가로 떠오릅니다. 그들은 영토 확장과 부에 대한 욕망을 위해 아시아와 아메리카, 아프리카를 정복해 식민지로 만듭니다. 그들 손에는 총과 칼이 들려 있었고, 식민지에서 생산한 부를 옮겨오기 위해 쇠로 만든 철도와 배가 지구 곳곳에 깔립니다. 우리가 말하는 근대 자본주의 체제는 시장의 보이지 않는 손이 움직인 것이 아니라 정복자의 폭력적 수탈에 의존한 것인지도 모릅니다. 그런데 바이러스가 지나온 길이 이 경로와 유사합니다. 과연 그 균은 애초부터 아프리카에서 온 걸까요?

돼지의 가축화는 기원전 6천 년 전 중국과 서아시아에서 시작합니다. 15세기 명나라는 대 선단을 꾸려 원정을 떠났고 30년에 걸쳐

아시아 남쪽 해안을 따라 아라비아에서 아프리카까지 갑니다. 이 경로는 7만 년 전 마지막 빙하기를 겪은 인류가 에티오피아에서 생존해 수만 년 동안 전 세계로 이주한 경로의 반대 방향이기도 합니다. 원정대에는 돼지가 포함되어 있었고, 아프리카 사하라 사막 남쪽에는 이전에는 전혀 보지 못한 새로운 동물이 등장하게 됐죠. 또한 16세기 유럽 열강이 식민지를 개척할 때에도 돼지를 아프리카에 전하며 종이 섞였습니다. 19세기 말 케냐에서 질병으로 소들이 죽자 영국은 자국의 돼지를 아프리카에 공급해 대규모 돼지사육을 했고 이때 아프리카돼지열병이 발생했다고 보고됩니다. 이후 풍토병이 된 ASFV는 거꾸로 유럽을 공격합니다. ASFV는 저온에도 강해 숙주인 돼지가 죽은 후에도 혈액, 대변 및 조직에서 생존이 가능할 뿐만 아니라, 가공식품에서도 수개월 이상 감염력이 유지되죠. 아프리카를 떠나 유럽으로 들어간 바이러스의 매개는 살아 있는 야생돼지가 아니라 항공기 기내식에 들어간 가공식품이었습니다. 게다가 당시는 방역 시스템마저 허술했죠. 유럽에 건너간 ASFV가 이후로는 숙주인 멧돼지를 통해 전파됐습니다. 동유럽의 숲에는 멧돼지가 많아 서쪽으로 향한 육로를 통제하기가 불가능했습니다. 그러다 지난해 유럽에 가까운 중국 서쪽에서 아프리카돼지열병이 발생했고 몽골부터 동남아시아와 북한을 거쳐 우리나라에 들어온 겁니다. 이 경로는 7만 년 전 인류가 걸었고 16세기에 제국주의 열강이 총을 들고 쇠로 길을 내며 걸어온 길입니다. 인류가 걸어온 길을 균이 그대로 다닌 것인데 이것이 우연일까요?

얼마 전 베트남에서 아프리카돼지열병에 걸려 살처분한 돼지가 제대로 처리되지 않고 강에 쓰레기처럼 버려지고 있다는 뉴스가 있었습니다. 그들이 무지해서가 아닐 겁니다. 처리에 비용이 들었기 때문이죠. 결국 모든 원인이 자본으로 수렴됩니다. 지금 우리의 이성과 합리를 방해하는 가장 큰 요소는 욕망이고 그 수단은 자본입니다. 인류에게 강력한 힘이 된 총과 쇠는 자본이라는 무기로 변했습니다. 돌이켜 보면 인류 역사를 관통하는 맥은 승자 독식으로 보입니다. 강자만이 경쟁에서 살아남는 거죠. 진화라는 측면에서도 찰스 다윈이 언급한 자연선택 방식과 비슷해 보입니다.

하지만 승자 독식이나 적자생존 혹은 자연선택으로 모든 것을 설명하려는 것은 일반화의 오류일 수 있습니다. 자연에서는 다수의 공존이 더 일반적이기 때문이죠. 지난한 진화 과정에서 생물의 다양성은 감소하지 않고 오히려 증가했습니다. 승자 독식이었다면 지구에는 소수의 강자만 남았을 겁니다. 지금의 강자는 바로 인류일 텐데, 이것이야말로 오만일지 모릅니다. 진화의 역설을 제대로 이해한다면 경쟁의 이면에는 공존의 비밀이 있음을 알 수 있습니다. 그러나 과연 우리가 지구에 있는 8억 마리 돼지와 공존한다고 할 수 있을까요? 그들은 좁은 공간에 갇혀 공장에서 찍어대듯 생산되고 사육되며, 지구 위 생명체중 한 종의 영양 공급을 위해 식탁에 오르는 운명이 됐습니다. 궁지에 몰린 생명체가 결국 도달한 지점이 바로 질병에 의한 죽음이라면, 이것은 어쩌면 뒤틀린 균형을 잡아보려는 자연의 시나리오일지도 모릅니다. 매년 지구 위를 휩쓰는 감염병이 두렵기도 하지만 불편한 마음이 먼저 드는 건 이 때문입니다.

아프리카돼지열병 바이러스뿐만 아니라 모든 바이러스의 기원에 대해 명확하게 밝혀진 것은 없습니다. 단지 몇 가지 가설만 있을 뿐이죠. 명확한 사실은 바이러스들이 인간의 활동에 영향을 받아 활동 영역이 빠른 속도로 확대되고 뒤섞이고 있다는 것입니다. 산업화 이후 인류의 활동으로 인해 생태계가 변화하고 지구 종 생명체의 서식지가 바뀝니다. 자연에서는 서로 만나기 어려운 생명체들이 한 공간에 모이고 인간 활동 영역에 깊게 들어오면서 유전체가 변하고, 이런 동물의 몸에 편승해 바이러스가 인수공통 전염병으로 인간을 위협하는 상황에 이르게 되었습니다.

앞으로 새로운 바이러스의 출현은 줄어들지 않을 것입니다. 물론 지금은 낭만적인 반성문을 쓸 시간이 없습니다. 말 그대로 감염병이 창궐하면 급한 불을 꺼야 하죠. 그런데 불이 꺼지면 축하의 의미로 다시 삼겹살을 구우며 축배를 들지도 모르겠습니다. 금방 지나온 위기도 상처도 잊고, 생명의 소중함도 잊겠지요. 그러나 우리는 계속 고민해야 합니다. 우리 인간은 강자가 아니라 자연의 일부입니다. 지구의 주인처럼 행세하지만 사실은 같이 사는 생명체를 괴롭히는 세입자일 뿐이죠. 뉴스에서 파주시의 모든 돼지가 살처분된다는 소식이 들려옵니다. 돼지들은 자유로운 삶을 누릴 권리도, 스스로 죽음을 선택할 자유조차 없습니다. 자유라는 언어가 인간에게만 해당하는 것은 아닐 텐데 말이죠. 그들은 우리들이 먹어야 할 식량이기 이전에 같이 살아가야 할 동지입니다.

19

면역과 약

보이지 않는 손, 보이지 않는 적

페니실린을 개발한 알렉산더 플레밍

2020년 1월 20일에 국내 첫 코로나19 확진 환자가 나오고 얼마 지나지 않아 슈퍼 전파자의 등장과 함께 언론과 SNS에서 확진자의 동선이 화제가 됐습니다. 역학조사로 밝혀진 확진자의 홍길동 같은 동선과 함께 사생활이 공공연하게 노출됐고 소문은 부풀려졌습니다. 사생활을 보호하려 해도 확산을 막기 위한 불가피한 조치 때문에 비밀은 새어나갈 수밖에 없었죠. 특히 이런 가십에서 사람들은 얄궂게도 그들의 비밀스런 침실부터 엿보려고 합니다. 이 때문에 자신이 감염경로에 있게 될 경우 질병에 대한 공포보다는 남에게 발가벗겨질 사생활의 치욕을 더 두려워하는 분위기까지 퍼졌습니다. 당시 제약회사에 다니던 제 친구는 우스갯말로 남성 발기부전 치료제 매출이 대폭 줄어들 거라 말하더군요. 듣고 보니 그럴 수도 있겠다 싶었습니다. 코로나19 확산 경로가 엉뚱하게도 발기부전 치료제 매출 감소로 이어진다는 게 흥미로웠습니다. 그런데 더 재밌는 사실은 원래부터 이 치료제가 감염병 문제와 관련하여 개발되었다는 겁니다. 처음부터 남성 발기부전 문제를 해결하려고 만든 약이 아니라 면역과 관련한 연구에서 비롯된 '세렌디피티' 곧 우연의 결과였죠.

면역계가 작동하는 방법

인간의 두뇌는 병원균이나 바이러스가 몸에 들어온 사실을 인지하지 못하지만, 생물학적 과정인 면역은 알아챕니다. 이런 병원균의 침입에 대비하는 방어 체계를 면역계라고 하는데, 우리 몸은 마치 중세시대의 성처럼 겹겹으로 방어와 공격 무기를 설치해놓았죠. 높은 성곽과 굳게 닫힌 문으로 외부로부터 침입하는 통로를 지키듯 우리 몸에도 성벽에 해당하는 면역계 이전의 1차 방어선이 있습니다. 피부는 사망한 피부세포인 각질과 죽어가는 과립세포층에서 흘러나온 지방으로 세균의 침입을 막습니다. 그래서 화상 환자들이 감염에 취약하며, 사실 때를 미는 목욕법은 결코 방어에 유리하다고 할 수 없습니다. 또 다른 방어선은 호흡기입니다. 사람은 한 번의 호흡으로 500cc가량의 공기와 함께 1만 마리 가까운 세균을 흡입합니다. 물론 바이러스도 예외가 아니죠. 바이러스와 같은 지독한 존재가 아닌 세균들은 폐로 가기 직전인 기도에서 점액에 포획되고 섬모에 의해 몸 밖으로 배출됩니다. 가래와 기침이 그들의 잔해인 셈이죠. 호흡기뿐만 아니라 몸에 뚫린 눈, 코, 생식기 등의 구멍에 존재하는 점액은 단순한 분비물이 아니라 항균 단백질이 포함된 화학 무기입니다. 심지어 귀도 지방질과 항균 단백질이 버무려진 귀지로 외부의 공격을 방어합니다. 귀지는 일부러 제거해야 할 더러운 존재가 아닙니다.

1차 방어선인 성문 입구가 뚫리면 이제 본격적인 면역계가 작동합니다. 2차 방어선을 구축하고 있는 킬러세포는 인체 세포와 다른 특정한 분자 형태를 가진 세균과 바이러스를 구별합니다. 대표적 킬러세포인 호중구는 매일 골수로부터 2억 개 가량씩 혈관으로 쏟아져 나와 감염을 시도하는 병원균을 살해하고, 인체 대부분 조직에 있는 대식세포는 이름에 걸맞게 세균을 포식합니다. 백혈구라고 부르는 이런 킬러세포는 고름이라는 잔해물로 병원균을 처리했음을 보고합니다. 그런데 킬러라는 이름답지 않게 수행은 세련되지 못합니다. 호중구는 그물을 전투 지역에 살포하고 걸려든 균에 독성 화학물질을 쏟아 분해하는 통에 정상 조직도 막대한 피해를 보지요. 1918년 스페인 독감으로 5천만 명 가까운 사망자가 발생한 이유는 이 때문입니다. 물론 이런 거친 킬러세포도 있지만, 감염된 세포들을 심문해 수상하면 세포에 구멍을 뚫고 효소를 분비해 세포 스스로 자폭하게 하는 특수요원인 자연살해 세포도 있습니다.

전투에서 성문이 뚫리면 아군에게 적의 침투 위치를 외칩니다.

그래야 뚫린 곳으로 병력이 이동해 전투할 수 있으니까요. 세포는 말을 할 수 없으니 전령이라고 할 수 있는 화학물질을 퍼뜨립니다. 이 화학 전령은 인체 조직에 급성 염증을 일으켜 킬러세포를 불러 모으는 역할을 합니다. 감염됐을 때 염증으로 통증을 느끼기 시작하는 것은 면역계가 정상적으로 작동하고 있다는 의미입니다. 인체가 사용하는 화학 전령 중 대표적인 것이 일산화질소입니다. 일산화질소는 혈관 내피세포나 조직의 대식세포에서 만들어지는데, 전투 지역의 혈관에 퍼진 일산화질소가 혈관을 넓혀줍니다. 혈관이 넓어지면 혈류가 늘어 백혈구라는 병력을 급히 증원할 수 있기 때문입니다.

협심증 치료제를 찾고 있던 한 제약회사는 인체의 면역 반응에서 발견한 사실을 가지고 심혈관의 일산화질소 생성을 증가시키는 약을 연구하게 됩니다. 신약 개발은 많은 단계를 거치며 시간과 비용을 소비하는데, 그중 인체에서 약과 독을 구분하기 위해 약의 작용과 부작용 여부를 확인하는 임상시험이 가장 중요합니다. 불행하게도 협심증 치료제의 임상시험은 처음부터 좋지 않아서 중단됐죠. 그런데 임상에 참여한 환자들로부터 예상치 못한 부작용이 보고됐습니다. 신약을 투입한 후 원치 않은 발기 현상이 나타난 겁니다. 새로 개발된 신약이 남성의 음경조직에서 일산화질소 생성을 증가시켜 혈관을 확장한 겁니다. 발기부전 치료제는 이렇게 우연한 과정에서 탄생해 제약시장을 뒤흔들었습니다. 물론 엄청난 수입도 올려주었죠.

면역과 관련한 신약 개발에서 세렌디피티는 이 사례만이 아닙니다. 한 가지만 더 소개하죠. 1차 방어 장치인 점액에는 화학 무기가 들어 있었습니다. 대표적 점액인 눈물에는 나트륨, 칼륨 같은 전해질과 100여 가지의 단백질이 있는데 그중 라이소자임 단백질 효소가 또 다른 주인공이죠. 1921년 알렉산더 플레밍Alexander Fleming, 1881~1955은 세균 배양접시에 이것저것 투입하며 세균 증식을 막는 물질을 연구하고 있었습니다. 어느 날 감기 때문에 코에서 나온 점액 분비물을 배양접시에 넣었는데 놀랍게도 세균 증식이 멈추었고, 그 원인이 라이소자임 때문으로 밝혀졌죠. 이 효소는 세균의 세포벽을 구성하는 특정한 분자 패턴을 무력화했습니다. 결국 최초의 항생제인 페니실린 발견의 도화선이 됐고 면역 보조의 역할로 인류를 구원해왔습니다.

적대에서 공생으로

그런데 언제까지 이런 세렌디피티에 의존할 수는 없습니다. 아직 인류는 면역이라는 빙산에서 수면 위로 올라온 부분만 알고 있을 뿐이지요. 특히 바이러스는 더 깊은 곳에 숨어 있습니다. 사실 바이러스와 세균은 인류의 적인 동시에 인류 구원의 가능성을 가진 존재이기도 합니다. 그래서 과학자들은 위험하거나 낯선 인자를 감지하고 무조건 퇴치하는 적대적 면역 모델을 넘어서, 바이러스나 세균의 성질을 이용해 미지의 질병을 이겨내는 공생적 면역 모델을 연구하기도 합니다. 1950년대 동유럽에서 시작된 파지의 과학이 대표적 모델이죠. 박테리오파지bacteriophage는 세균을 숙주로 삼는 바이러스죠. 항생제와 달리 하나의 파지는 특정한 박테리아에만 작용합니다. 그래서 박테리아별로 특정 파지를 찾아야 합니다. 그때까지는 다소 아쉬워도 인류는 항생제의 도움을 받아야 합니다. 항생제 남용과 내성균을 우려하는 반론이 있지만, 항생제는 분명 인류를 구원한 물질임은 분명합니다. 지금이라면 항생제로 간단히 치료될 수 있는 대수롭지 않은 상처가 과거에는 괴사와 죽음에 이르렀고, 우리 몸의 기본 면역계만으로는 지금과 같은 삶을 영위하기 어렵기 때문이죠. 결국 남용을 막고 필요한 경우에만 항생제를 처방하고 내성균의 출현을 최대한 늦춰야 합니다. 그리고 범 내성균 등장에 대비해 차세대 항생제도 개발해야 합니다. 하지만 이런 신약 개발에는 많은 시간이 소모되죠. 과학기술이 발전했지만, 불행하게도 과거 플레밍이 했던 것처럼 무엇이든 넣어보고 세균 증식을 막는 물질을 운 좋게 찾는 방법이 아직까지는 최선의 방법입니다. 대부분의 항생제는 박테리아의 자기 보호 물질을 역이용하는 방법으로 만듭니다. 그래서 아직도 과학자들은 자연에서 박테리아가 번성하는 곳을 찾아다닙니다.

그러나 새로 출현한 박테리아 혹은 변이를 반복하는 거대 바이러스에 대항하는 치료제 개발은 늘 큰 비용과 실패의 부담이 있습니다. 그래서 제약회사는 새로운 항생제와 백신 개발을 외면하고 있죠. 자본의 논리로는 타산이 맞지 않는 일이기 때문입니다. 거대 제약회사는 수십 년 전부터 항생제 개발에서 손을 떼고 암과 심장병 약처럼 바로 부와 교환이 가능한 신약에 눈을 돌립니다. 세균과의 사투가 머지않은 미래에 피할 수 없는 현실임을 잘 알고 있음에도 이런 상황이 묵인되고 있습니다. 이 과정에서 취약 계층은 당연히 누려야 할 권리를 무시당하고 의료 차별을 받을 염려가 있습니다. 이익에 눈을 가린 근시안적 태도가 언젠가는 사회적 생태계 전체를 흔들지도 모릅니다. 자본이 가치 축적이나 교환의 수단을 넘어 인간 세상을 지배하는 권력이 됐습니다. 이런 자본을 돕는 시장경제는 보이지 않는 손이라 아니라 바이러스처럼 보이지 않는 적이 될지도 모르겠습니다.

20

희생 양극

우리는 누군가의 희생 위에 앉아 있다

비운의 과학자 게르하르트 요하네스 파울 도마크

철이 물과 산소를 만나면 녹이 슬고 결국 사라지게 됩니다. 이 과정을 원자 세계의 언어로 말하면, 철이 가진 자유전자를 다른 물질에 뺏겨서 철의 결정을 유지할 수 없게 되었다고 하죠. 과학은 이런 변화 과정을 산화 혹은 부식이라고 설명합니다. 염분과 산소가 풍부한 바다에서는 반응이 가속돼 부식의 속도가 빨라집니다. 그래서 철로 만든 배를 건조할 때 중요하게 고려하는 것 중 하나가 녹스는 것입니다. 이때 철보다 더 빨리 산화되는 금속을 철 위에 덧대면 철을 대신해 먼저 녹이 슬어 배를 안전하게 유지할 수 있죠. 아연이나 마그네슘 금속처럼 철보다 먼저 녹이 스는 물질, 이런 물질을 화학에서 '희생 양극'이라고 합니다. 그런데 희생 양극은 물질에만 적용되지 않습니다. 소명을 가지고 먼저 희생을 치르는 사람들에게 이 말을 빗대기도 합니다.

현재 우리는 철의 산화 반응이 곧 전자의 이동을 말한다는 것을 정확하게 알고 있지만, 화학이 학문으로 정립되기 시작한 비교적 최근의 시기까지도 이 현상의 정체를 제대로 알지 못했지요. 사실 화학이 과학의 한 분야로 대접받기 시작한 시기는 영국의 로버트 보일이 연금술사와 화학자의 구별을 언급한 저서 『회의적 화학자』(1661)를 발간한 때로 거슬러 올라가지만, 19세기 후반까지도 화학은 여전히 청소년기의 정체성 혼란과 같은 시기를 보냅니다. 심지어 화학은 석탄에서 나온 타르나 염료 등을 취급하는 사업가들의 과학으로 여겨졌고, 소위 진정한 과학자라고 불리던 학자들은 물리학과 자연사 혹은 지질학을 다루었죠.

예를 들면 영국은 말라리아에 대항할 치료제를 개발하기 위해 왕립화학대학을 설립하고 천재적인 화학자를 영입해 연구를 지원했으나, 당시 연구에 사용된 재료는 고작 콜타르 정도였습니다. 사람들은 자연이 만든 미지의 물질에 질병을 물리칠 수 있는 뭔가가 숨어 있다고 생각한 겁니다. 그런데 그 과정에서 엉뚱하게도 아름다운 보라색 염료를 발견하게 됩니다. 역청탄을 고온 건조하면 양질의 탄소 성분인 코크스와 끈적끈적하고 고약한 냄새를 가진 콜타르가 나옵니다. 코크스는 당시 에너지원으로 사용했으나 콜타르는 폐기물 취급을 받았죠. 이런 콜타르와 어울릴 것 같지 않은 아름다운 염료를 연결한 것이 화학입니다. 그런데 염료가 단지 빅토리아 시대를 화려하게 장식한 물질로만 사용된 것은 아니었습니다.

희생 양극이 된 과학자

세포를 현미경으로 촬영한 사진을 본 적이 있을 겁니다. 사진에서 세포 안의 특정 위치가 화려하고 선명한 색깔로 표시된 것은 사실 염료 때문이지요. 19세기 후반 합성염료로 조직과 세포를 선택적으로 염색할 수 있음을 알게 된 인류는 생명공학과 의학 분야로 눈을 돌리게 됩니다. 당시 인간이 걸리는 질병의 대부분이 미생물 때문이라는 것은 이미 알고 있었습니다. 인류를 구하기 위한 노력은 예방과 치료라는 두 갈래 길로 나뉘었는데, 예방은 이미 18세기 후반 천연두를 필두로 백신의 개념이 등장했지만, 치료제인 항생 물질을 찾기는 쉽지 않았죠. 아이러니하게도 화학의 합성염료 등장이 치료제 개발을 돕게 됩니다. 어떤 염료가 특정 세포를 염색한다면 그 부위에 선택적으로 약물이 들어갈 수 있게 염료와 약물을 연결만 하면 되겠다는 생각이었죠. 이런 가정은 현실로 이뤄졌습니다.

제2차 세계대전을 배경으로 한 전쟁 드라마인 〈밴드 오브 브라더스〉는 현존하는 전쟁영화 중 실제 전쟁에 가장 가까운 묘사를 보여줍니다. 영화를 보면 전투에서 부상한 병사의 환부에 하얀 가루를 뿌리는 장면이 있죠. 당시 연합군은 구급약으로 이 가루를 항상 소지하고 다녔습니다. 상처 감염을 치료하는 항생계 약물입니다. 심지어 이 약물은 영국 총리인 처칠을 폐렴에서 구해내기도 합니다. 그런데 아이러니하게도 전쟁에서 큰 공을 세운 그 약물은 전쟁을 일으킨 독일의 한 과학자의 희생으로 만들어집니다.

20세기 초 제1차 세계대전에서 군인들은 상처 감염으로 많은 희생을 치릅니다. 심지어 별 대수롭지 않은 상처도 염증이 온몸에 퍼져 신체 일부를 절단하거나 목숨을 잃었죠. 지금이야 많은 항생 약물이 있으니 연고나 복용약으로도 쉽게 치료할 수 있지만, 항생제가 없던 시절에는 상처 하나에도 목숨이 위태로웠던 게 당연했습니다. 당시 위생병으로 참전한 독일의 의대생 게르하르트 도마크 Gerhard Johannes Paul Domagk, 1895~1964는 감염성 질환을 두고 볼 수 없었고, 전쟁이 끝난 후 독일의 화학기업들이 지원하는 감염병 연구소의 총책임을 맡게 됩니다. 독일도 감염병으로 큰 희생을 치렀으니 감염병 극복은 국가적 사명이었을 겁니다. 이 연구소는 우리나라 국립보건연구원의 감염병연구소 정도 되는 셈이지요.

게르하르트 도마크는 결국 세포벽에 잘 붙는 염료와 '설폰아마이드'를 합성해 세균 질환 치료의 문턱까지 갑니다. 동물 실험까지 마친 임상 전 상태였죠. 바로 이 물질이 '설파제'로 알려진 약물입니다. 모든 약물은 임상을 거치는 것이 상식입니다. 임상시험 직전까지 온 그는 놀랍게도 실험 대상으로 그의 어린 딸을 선택합니다. 아무리 동물 실험을 거쳤다 해도 대상이 인간으로 옮겨지면 알 수 없는 원인으로 목숨이 위태로울 수 있지요. 이전에 독일에서 만든 화학 합성 약물인 매독 치료제도 600번 이상 시험을 거쳐 만들었지만 효과 대비 부작용이 컸기에, 새로운 약물의 임상시험도 쉽지 않았을 겁니다. 설사 임상을 성공적으로 거쳤다고 해도 끝이 아닌 경우가 많습니다. 예를 들면 설파제가 완성된 후, 알약을 복용하기 힘든 어린아이를 위해 액상으로 만드는 과정에서 사용한 유기용매의 독성 때문에 아이들의 신장이 망가져 백 명이 넘는 아이들이 사망에 이르게 됐으니까요. 그 용매는 단맛이 나는 알코올로 오늘날에는 자동차 부동액의 원료로 사용하는 에틸렌글리콜이었습니다.

도마크는 왜 이런 위험한 시험에 선뜻 자신의 소중한 가족을 선택한 걸까요? 마침 그의 딸이 상처를 입었고 염증이 온 팔에 퍼져 팔을 절단해야 하는 위기까지 왔기 때문입니다. 도마크는 자신이 만든 설파제를 딸에게 복용시켰고 염증에 효과가 있다는 것을 입증했습니다. 결국 자신의 인생과 가족의 목숨을 담보로 한 희생이 이후 인류의 생명을 살린 계기가 되었습니다. 노벨위원회는 그의 이런 공로를 치하해 1939년 노벨 생리의학상 수상자로 선정합니다. 하지만 그의 모국인 나치 독일은 정치적 이유로 독일인의 노벨상 수상을 금지했고, 그 역시 노벨상 수상 거부를 서약하는 또 다른 희생을 감수해야 했습니다. 대부분의 사람은 항생제 하면 먼저 페니실린을 만든 알렉산더 플레밍을 떠올립니다. 설파제는 페니실린의 등장과 함께 항생제의 왕좌를 내주었지만, 사실 플레밍도 그의 연구에 영향을 받은 셈이니 페니실린의 등장 역시 희생 양극이 된 도마크라는 인물과 무관하지 않을 겁니다.

코로나19의 희생 양극

2020년 여름은 코로나바이러스 때문에 더욱 힘든 계절이었습니다. 당시 인천 미추홀구의 워크스루 선별진료소에서는 방호복을 입은 보건소 직원들이 더위에 탈진해 쓰러지는 일까지 있었습니다. 수분을 섭취하면 그나마 나으련만, 방호복 때문에 화장실을 가기도 어려워 물도 마시지 못했다고 합니다. 코로나19로 모든 것이 무너질 때 자신의 안위보다 공공의 안위를 택한 사람들이 있습니다. 정은경 질병관리본부장을 비롯한 관련기관 공무원들, 숨 막히는 방역복을 입고 의료현장에서 환자를 돌봤던 의료진과 간호사들이죠. 이들이 배가 녹스는 것을 막는 희생 양극의 길을 택했기에, 지금 우리는 그들의 희생을 딛고 안전을 누리고 있는 셈입니다.

2020년에는 질병관리본부를 보건복지부 외청인 질병관리청으로 독립시켜 감염병 대응에 전문성을 더하겠다는 정부조직법 개정안이 통과됐죠. 그런데 감염병 연구의 핵심인 국립보건연구원의 소속을 보건복지부로 남겨두고 싶어 하는 조직이기주의 때문에 잡음이 들리기도 했습니다. 게다가 보건복지부가 환자들을 최일선에서 돌본 간호사들을 위한 예산 편성을 누락한 사실이 알려져 의료진들이 상처를 입는 일도 있었습니다. 이런 이해 못할 상황에서도 업의 본질을 엄숙하게 지킨 의료진들과 별개로, 감염병은 감춰진 우리의 민낯을 비추는 계기가 되었습니다. 그들이 원한 건 고마움도 보상도 아닌 감염병의 종식이었을 겁니다. 코로나19와 같은 감염병 사태에 우리가 할 수 있는 건 응원보다 방역 협조입니다. 우리가 누리고 지키고자 하는 모든 일상은 희생 양극과 같은 그들이 없었다면 철의 부식처럼 사라질지 모르는 소중한 것들이기 때문입니다.

V부

세상에 도전하다

화석원료 문명은 역사상 가장 비싼 에너지를 사용하는 문명이다. 지각을 열고 꺼내는 채굴부터 정제해서 연료로 만들기까지 막대한 비용이 들어간다. 인류 문명이 급속하게 발전한 특이점인 산업혁명은 이 기초 위에서 가능했다. 그것을 기반으로 각종 산업이 등장했고, 생산성과 성장이 한계에 부딪히자 산업 전체를 통합적으로 운용하는 글로벌 기업이 등장했으며, 기업 활동이 금융과 맞물리면서 효율과 단기 이익만을 추구하는 신자유주의 경제로 나아갔다. 모든 지표는 기업의 주가와 부의 축적에 맞춰졌고, 이익이 되면 무엇이든 끌어 모으고 팔아치우는 것이 경제의 당연한 논리가 되었다. 지구적 미래를 위한 긴 안목과 투자는 관심 밖으로 밀려났다. 인류 경제는 지각에 묻힌 탄소를 꺼내 연료로 태우고 연일 넘쳐나는 일회용품을 만들어 지구 대기와 자연에 쏟아냄으로써 유지되고 있다. 이로 인해 지구는 몸살을 앓고 있으며, 인류 역시 기후변화와 세계화가 촉발한 감염병으로 현재 평등한 고통의 민주화를 경험하고 있다. 지금 인류는 에너지를 향한 과거의 도전만큼이나 지난한 도전을 요구받고 있다. 그동안 자연은 인류에게 화석원료라는 커다란 선물을 주었다. 이제 인류는 자연에 진 빚을 갚아야 하는 도전의 출발점에 있다. 과거의 반성, 그리고 미래의 약속과 함께….

21

수소의 미래

화석 에너지의 연장선에 있는 수소 경제

연료전지의 도화선을 당긴 윌리엄 그로브 경

제 주위에는 여러 매체에 글을 기고하는 칼럼니스트가 많습니다. 한동안 이들의 SNS 계정에서 수소차가 화젯거리가 됐습니다. 정부의 친환경차 지원금 발표가 있었기 때문이죠. 흥미로운 갑론을박이 벌어졌습니다. 칼럼 마감을 앞두고 퇴고 중이던 제 마음이 흔들리더군요. 칼럼은 시사성이 있어야 하는데, '수소차'라는 소재는 시의성뿐 아니라 제 전공과도 관련 있기 때문에 누구보다 자신 있는 글감이었습니다. 결국 쓰던 글은 다음을 기약하고 백지를 꺼내 다시 펜을 들었습니다. '누가 먼저 총을 꺼낼 것인가' 하는 서부영화의 대결 장면처럼, 제 주위 글쟁이들과 수소차를 둘러싼 칼럼 배틀을 벌인 셈이 됐습니다.

최근 기후위기와 관련해 내연기관 완성차 업계에도 변화가 뚜렷합니다. 그것을 지원하기 위해서인지 친환경 자동차를 구매하면 정부 지원금이 적지 않습니다. 특히 수소차의 경우 보조금과 세금 감면 효과를 더하면 지원금 액수가 웬만한 고급 중형차 한 대 가격에 달하더군요. 제 차도 구입한 지 5년이 됐습니다. 10년 이상 타겠다고 구입했지만, 유럽의 자동차 선진국마저 내연기관 자동차 생산 중단을 선언해서인지 정부 지원금에 솔깃했던 게 사실입니다. 그리 멀지 않은 미래의 자동차는 분명 지금의 화석연료 내연기관 자동차와는 전혀 달라질 게 확실하기 때문입니다.

SNS에서 벌어진 논쟁은 수소차의 본질과 정부 정책의 적절성에 관한 것이었습니다. 그리고 수소차 구입에 대한 찬반양론이었죠. 생각해보면 전기차도 이제 막 세상에 나왔고 기후변화의 속도로 정신이 없는데, 정작 소비자는 수소차의 정체조차 모르고 친환경 프레임에만 갇혀 있더군요. 일반 국민으로서 가장 쉬운 질문을 해봅니다. 지금 수소차 대열에 합류하는 것이 옳을까요?

수소차의 역사 돌아보기

결론부터 말씀드리면, 수소차는 다소 이르다는 것이고 아직 호흡을 다스려야 한다는 겁니다. 더 중요한 것은 수소차의 본질을 파악하는 겁니다. 물론 수소차는 미래지향적 운송수단이 맞습니다. 이 기술은 과학기술과 완성차 업계가 끌고 가야 하지만, 수소 경제의 거대한 인프라 구축은 기업만으로는 역부족이지요. 당연히 이 부분은 정부가 견인하는 게 맞습니다. 그런데 지금 선진국은 전기차에 사활을 걸었고 그 기저에 깔린 2차 전지 시장에서 국내 기업이 이제야 제 몫을 시작하는 시기에 수소차의 재등장은 혼란스럽기까지 합니다.

재등장이라니, 아니 수소차가 처음 등장한 게 아니라고요? 맞습니다. 수소차의 등장은 지금이 처음이 아닙니다. 생각했던 것보다 오래 연구됐죠. 그럼에도 소비자가 수소차 기술과 정책의 옳고 그름을 판단하기에는 역부족이고, 전문가들이 주장하는 단편적인 정보는 기업의 논리와 섞여 설득력 부족과 확증편향을 야기합니다. 이런 혼란의 중심에 소비자가 던져진 셈이지요. 시대 흐름에 동참하지 않으면 뒤처질 것 같은 조급한 마음마저 듭니다. 사실 수소 사회로 가는 길목에는 수많은 장벽이 있습니다. 과거에도 속도와 효율만을 중시하다가 외면되고 잊힌 것들이 다시 부메랑이 되어 인류의 삶을 힘들게 했던 경험을 했지요. 나쁜 역사가 반복될 수는 없습니다. 이제 숨을 고르고 유기적으로 얽혀 있는 수소 생태계를 통찰해야 할 지점에 와 있습니다.

우선 수소차의 태동부터 살펴보는 것이 통찰에 도움이 되겠지요. 그 출발선에는 연료전지Fuel Cell가 있습니다. 연료전지는 전지라는 이름을 달고 있지만 전기차의 2차 전지처럼 가까운 과거에 나타난 기술이 아닙니다. 1839년 영국의 물리학자인 윌리엄 그로브Sir William R. Grove, 1811~1896는 물에 전기를 가하면 수소와 산소로 분리

된다는 것을 알고, 거꾸로 수소와 산소의 화학반응으로 물과 함께 반응열과 전기가 만들어진다는 사실도 알아냅니다. 전기가 생성되는 이유는 대부분의 화학반응이 물질 간에 전자를 주고받는 산화와 환원 반응이기 때문이지요.

그로브는 산소와 수소 기체가 들어 있는 시험관을 황산 용액이 담긴 수조에 거꾸로 넣고 시험관에 백금을 넣고 연결해 비교적 높은 전압의 전기를 얻습니다. 이 장치는 수소와 산소 기체만을 이용해 직류 전기를 생산할 수 있어 가스전지Gas Battery로 불렸죠. 이 발견 이후에 같은 영국의 화학자인 루드윅 몬드Ludwig Mond와 칼 랭어Carl Langer가 석탄을 연료로 이용해 전기를 얻으려 했으나 성공하지 못했습니다. 대신 '연료전지'라는 용어는 이 두 사람에 의해 지어졌죠. 수소나 석탄과 같은 재료를 전기를 생산하는 연료로 여겨 연료전지라는 이름을 붙인 겁니다. 하지만 당시에는 직접적으로 사용할 수 있을 정도의 전기 에너지를 만들지 못했고, 수많은 과학자와 연구들이 이 연구 주제에 몰두합니다. 그리고 120년이 지난 1959년 영국의 과학자 프랜시스 베이컨이 이 과학기술을 상용화 수준으로 개발했습니다. 그리고 미국의 NASA는 우주선에 전기와 물을 공급하는 장치로 연료전지를 이용하기 시작했죠. 그러니까 상업적 이용의 잠재력이 확인된 1960년부터 본격적인 연구가 진행된 거지요. NASA는 초기 제미니 우주선을 비롯해 인류를 달로 보내는 아폴로 프로젝트를 거치면서 연료전지 분야를 급성장시킵니다. 사람이 우주선에 있으니 많은 에너지와 물이 필요한데, 연료전지는 연료로부터 추출한 수소와 산소로 전기와 열에너지뿐 아니라 물을 부산물로 만든다는 장점이 우주비행에 적합했기 때문입니다.

그런데 수소차의 연료전지와 전기차의 2차 전지 사이의 차이점이 궁금해집니다. 둘 다 전지라는 이름이 있지만, 사용하는 자동차는 다르니까요. 한 번 쓰고 버리는 건전지와 같은 1차 전지와 달리 2차 전지는 방전이 되면 충전을 해야 합니다. 휴대폰 배터리는 2차 전지이고 전지가 방전되면 전기로 충전하지요. 2차 전지도 산화와 환원이라는 화학적 반응으로 전기를 만들지만, 반응이 끝나 방전이 되면 다시 양 극의 전위차를 만들기 위해 충전을 해야 하고, 충전하는 동안에는 전지를 사용할 수 없습니다. 하지만 연료전지는 철학부터 다릅니다. 한쪽 전극에서 연료가 공급되는 한 지속적으로 전기를 생산하는 것이죠. 어찌 보면 전지라기보다 일종의 발전기인 셈입니다. 이것이 2차 전지인 배터리와 가장 큰 차이점이고, 그 연료전지에 사용하는 재료가 바로 수소입니다.

연료전지 응용분야는 많지만 생각의 범위를 수소차로 좁혀봅니다. 그러기 전에 용어부터 정리를 해야겠군요. 엄밀하게 말해 지금 논란의 중심에 있는 수소차는 연료전지를 이용한 수소전기차FCEV, Fuel Cell Electric Vehicle입니다. 일반적으로 말하는 수소차는 HICEV Hydrogen Internal Combustion Engine Vehicle를 말합니다. 번역한다면 수소내연기관자동차입니다. 단어에 '연소'Combustion가 들어 있지요. 말 그대로 응축한 액화수소를 엔진에서 직접 연소해 동력을 얻는 방법인데, 이 기술은 이론처럼 쉽지 않습니다. 보통의 내연기관에 있는 것과 같은 실린더 내부에 수소를 가두고 폭발시켜야 하는데, 수소를 다루기 쉽지 않기 때문입니다. 그래서 수소 연료전지로 발생시킨 전기에너지를 저장해 모터에 사용하는 수소전기차로 접근하는 겁니다. 발생된 전기를 저장하려면 반드시 2차 전지가 필요하지요. 그러니까 현재 회자되는 수소차는 발전 장치를 제외하고 나면 지금 시판되는 전기차의 구조와 많이 닮았습니다.

오래된 연구인 만큼 연료전지는 기술적 단계를 넘어 경제성 검증의 단계에 있는 과학기술입니다. 지구는 물론 우주에서 가장 많은 수소라는 물질과 대기에 존재하는 산소로 에너지를 만들 수 있고 반응 부산물은 물이기 때문에 친환경이라는 프레임 안에 들어가지요 게다가 연료전지는 화학 에너지의 대부분을 전기 에너지로 전환시키기 때문에 현재의 내연기관이 가진 열효율을 넘어 두세 배 높은 에너지 변환 효율을 가지며, 온실가스조차 배출하지 않습니다. 풍성한 재료에다 온실가스도 나오지 않으니 이보다 좋은 게 없어 보입니다. 이쯤 되면 뭔가 의심스러운 생각이 듭니다. 이렇게 좋은데 왜 출현한 지 2백 년 가까운 지금에야 미래를 구할 구세주처럼 우리 앞에 등장했을까요? 과학은 의심으로 시작합니다.

수소차는 구세주가 될 수 있을까?

간혹 수소차 도입에 반대하는 논리로 수소 폭발의 위험성을 드는 경우가 있습니다. 아마도 1937년 미국 뉴저지에서 벌어진 독일 비행선 힌덴부르크호의 수소 폭발과 추락 장면 때문인지도 모르겠습니다. 아니면 핵분열을 이용한 폭탄과 관련된 수소를 생각하는지도 모릅니다. 하지만 연료전지용 수소는 수소폭탄에 사용하는 중수소도 아니고, 보관 기술이 발달해서 과거와 달리 안정성 문제를 걱정하는 것도 기우입니다. 혹시 차량 충돌시의 위험을 걱정하는 것이라면, 오히려 2차 전지에 사용하는 리튬이야말로 위험성에서 자유롭지 못하지요. 공기 중 수분과 만난 리튬 배터리의 폭발성이 엄청나다는 것을 간혹 뉴스에서 보셨을 겁니다.

그렇다면 이제 수소 경제의 전체 생태계로 시선을 확장해 수소차를 들여다볼 필요가 있습니다. 가장 현실적인 문제는 연료의 출생입니다. 수소 생산의 한계와 제약을 한 번 더 고민해야 한다는 것이지요. 현재 수소를 생산하는 방법은 크게 두 가지입니다. 탄소와 수소의 결합체인 메탄에서 산소를 이용해 탄소를 떼어내고 수소를 얻는 탄화수소 개질改質 방법입니다. 하지만 이 과정에서 이산화탄소가 나옵니다. 또 다른 방법은 부생副生 수소라 해서 석유화학공정이나 제철공정에서 발생한 수소를 얻는 방법이지만 역시 일산화탄소가 나옵니다. 결국 수소를 얻는 과정에서 막대한 화석연료를 사용하고 온실가스 배출에서 자유롭지 않으니 수소를 무조건 친환경이라는 프레임에 넣는 것은 적합하지 않다는 겁니다. 게다가 부생수소든 개질수소든 그것을 생산하고 응축해 이송하는 과정뿐만 아니라 저장하고 배포하는 충전소 건설에도 천문학적 비용이 발생합니다. 또한 연료전지용 반응 촉매는 백금과 같은 비싼 귀금속을 사용하기 때문에 경제성이라는 장벽이 있지요. 이쯤 되면 구세주 출현의 흥분을 멈추게 됩니다.

물론 과학기술은 이러한 현안을 시간과 노력을 투입해 언젠가 해결할 겁니다. 대안이 없는 것도 아닙니다. 화석연료 대신 물을 전기분해하는 수전해 방식이 있지만, 이 방식은 또다시 화석연료를 가지고 생산한 전기를 사용해야 하는 단점이 있습니다. 또 다른 대안인 태양전지로 전기를 공급하려는 시도가 있지만 이 역시 낮은 효율이라는 장벽이 있습니다. 마지막으로 남는 전기를 사용한다는 원자력 에너지도 후보 중 하나이지요. 촉매인 백금은 분명 언젠가 다른 물질로 대체될 겁니다. 이렇게 가야 할 길이 멀고 넘어야 할 산이 많다는 것은 거꾸로 기술 진입 장벽이 높다는 의미이기도 합니다. 희망적으로 보면 도전해볼 만한 가치가 있다는 것이지요. 중요한 것은 수소를 선택한 근원적 목적에서 벗어나지 않아야 한다는 것입니다. 우리가 대체 에너지를 고민하는 것은 지구와 인류를 구하기 위해서입니다.

어쩌면 각국의 치열한 경쟁에서 수소를 다룰 수 있는 능력이 우리 경제에 큰 힘이 될 수 있습니다. 분명 수소 사회는 기회이지만, 우리의 성급함은 기회를 다시 위기로 만들 수도 있습니다. 수소 경제는 당장 거리에 수소차를 몇 대 더 굴릴 수 있느냐로 판가름 나는 배틀이 아닙니다. 돌이켜 보니 누가 먼저 칼럼을 내느냐가 중요한 게 아니었습니다. 칼럼 배틀을 깊이 반성합니다. 우리는 항상 무언가를 남들보다 앞서 해야 한다는 강박이 있나 봅니다. 수소 경제, 수소 사회도 우리의 성급한 생각에 편승한 구호가 아닐까요. 지금 수소는 화석 에너지의 연장선에 머물러 있습니다. 거리를 달리는 수소차가 대기에 가득 찬 미세먼지를 거두어갈지 의문이 드는 이유입니다.

22

인생의 과학

'헤스 법칙'을 믿고 설국열차에서 내려라

총열량 불변의 법칙을 만든 화학자 게르마인 헨리 헤스

왜 이렇게 날이 춥나 했더니 대입 수능시험일이더군요. 날씨 탓인지 지하철은 수능을 마친 학생들로 더 붐비는 듯했습니다. 성적이 어떻고 논술과 등급이 어떻고 하며 재잘대는 학생들 얘기와 얼굴에 귀와 눈을 고정합니다. 알 수 없는 미래에 대한 불안과 걱정, 설사 대학에 간다고 해도 이후 그들을 달갑게 반기지 않을 것 같은 현실들, 취업과 결혼, 집값, 심지어 정치권이 내놓곤 하는 '말로만' 청년 대책도 그들의 대화 소재였습니다. 논술 때문인지 어린 학생임에도 시사에 해박하다는 데 감탄하며 그네들 얼굴을 유심히 바라봤지만, 제 개인의 느낌인지는 몰라도 희망 총량이 줄어든 불안과 박탈감에 마냥 행복해 보이지만은 않았습니다.

갑자기 지난 2019년 최고의 시청률을 올린 드라마에 나온 대사가 생각나더군요. 주인공도 원래는 행복을 수능성적표처럼 생각했다고 합니다. 그런데 남들이 줄 세워놓은 표를 보아도 자신이 지금 어디쯤인지, 어디에 끼어야 하는지 답이 떠오르지 않아, 그냥 행복의 기준을 자신이 정하고 남들 보기에 어떻든 자신만 행복하면 된다고 했지요. 주인공의 말을 듣던 상대 배우가 주인공은 나름의 꽃밭을 가졌다며 부러워하더군요. 상대 배우의 극중 직업은 변호사였고 대사에서 짐작건대 들어가기만 하면 행복과 성공이 보장된다고 하는 'SKY' 대학 출신이었습니다. 저는 지하철에 있던 학생들에게 '헤스의 법칙'을 말해주고 싶었습니다. 물론 지옥 같은 수능을 끝낸 아이들에게는 잔인한 조언입니다. '헤스의 법칙'은 화학Ⅱ 과목을 선택한 학생들에게도 좌절을 경험하게 하는 내용이니까요. 다시는 교과서를 펼쳐 볼 것 같지 않은 아이들에게 이 법칙을 말해주고 싶은 이유는 이렇습니다.

총열량 불변의 법칙

화학은 반응의 학문입니다. 반응으로 물질이 변화하고 합성을 통해 새로운 화합물질이 되기도 합니다. 이런 반응에서 열은 중요한 역할을 합니다. 그래서 화학은 열역학이란 분야를 따로 다루고 있는데 여기에는 몇 가지 법칙이 있습니다. 열역학 제1법칙은 잘 알려진 '에너지 보존 법칙'이죠. 지금이야 이 사실이 상식으로 자리 잡아 전혀 새롭게 느껴지지 않지만 1800년대 초반에는 그렇지 않았습니다. 당시는 열을 '칼로릭'이라는 물질의 흐름으로만 생각한 라부아지에의 이론이 지배하던 시기였고, 열의 정체에 대해 제대로 알지 못했으니까요. 이 시기에 스위스 태생의 러시아 화학자이자 의사인 게르마인 헨리 헤스Germain Henri Hess, 1802~1850가 열과 일에 관련한 법칙 하나를 1840년에 발표합니다. 열역학 제1법칙이 1850년에 발표됐으니 그것보다 이른데, 이후에 이 '헤스의 법칙'은 에너지 보존 법칙의 한 형태로 알려져 '총열량 보존 법칙'이라 불리기도 합니다. 이 법칙을 온실가스의 대표 아이콘인 이산화탄소라는 물질을 예로 들어 살펴보겠습니다.

이산화탄소(CO_2)는 탄소 원자 1개(C)에 산소 분자 1개(O_2)가 결합해서 생성됩니다. 두 원소는 따로 있는 것보다 결합하는 것이 더 안정적이기 때문이지요. 이 반응에는 394킬로줄kJ의 열이 발생합니다. 물론 이 열은 탄소 원자 1개가 아니라 1몰mol에 해당하는 에너지입니다. 반응열 중에 꽤 높은 열이죠. 두 원소가 만나 안정된 만큼의 에너지가 방출되는 것이고 인류는 이 열을 에너지로 이용했습니다. 덕분에 온실가스를 얻게 된 거죠. 그런데 출발 물질에서 최종 물질로 가는 데는 이 반응만 있는 것이 아니라 다른 경로도 존재합니다. 탄소가 산소 원자 한 개와 반응해 일산화탄소(CO)를 만들고 다시 산소와 반응해 이산화탄소로 가는 반응도 있습니다. 그러니까 다른 경로를 통해 같은 최종 도착지에 도달하는 셈이지요. 이때에도 열의 출입은 생깁니다. 실제로 각각 111kJ와 283kJ의 반응열이 생기죠. 두 반응열을 더해보면 지금 무슨 이야기를 하려는지 알 수 있을 겁니다. 물질이 반응하며 상태가 바뀌는 과정에서 일어나는 변화 방법은 여러 가지입니다. 하지만 최종 생성물이 같다면 어떤 경로를 통하든 반응에 관여한 에너지 총량은 같다는 것이 헤스가 발견한 법칙입니다. 이 법칙은 이후 일반화되어 물질과 에너지에 관한 열역학 법칙의 하나로 자리를 잡습니다.

헤스의 법칙과 인생의 법칙

그렇다면 아이들에게 '헤스의 법칙'을 들려줘야 하는 이유는 무엇일까요? 이런 과학 법칙은 시험이 아니라도 알아두면 쓸 데가 꼭 있더군요. 삶에 대입해보면 꽤 근사하게 맞아떨어집니다. 결국 사람의 인생이란 최종 목적지가 같다는 겁니다. 그 최종 목적지로 가기 위해 각자 다양한 경로를 거쳐 시간을 보내고 있는 것이 인생이지요. 최근에 사람들에게 무척 예민하게 다가오고 있는 사회현상과 균열이 이념과 정치의 대립처럼만 보이지만, 그 내면에는 소위 86 세대와 다음 세대의 갈등이 녹아 있습니다. 이미 자식 세대의 시선에는 부모 세대가 분노의 상대이고 사회의 공적이지요. 부동산 중심의 자산을 소유하고 부를 누리는 부모 세대에게 월세를 내며 살아가야 하는 청년 세대, 끈기와 용기가 부족하다고 모욕적 평가를 받기 이전에 기회조차 별로 보이지 않는 자식 세대가 느끼는 것은 희망의 부재입니다. 부재까지는 아니라도 확실히 희망 총량은 줄었지요.

사실 86 세대의 시절은 가난의 탈출을 목표로 한 성장과 효율이 지배했습니다. 경제 개발과 산업정책으로 유례없는 고도의 경제 성장률에다 은행 금리는 20퍼센트에 달할 정도였죠. 그만큼 기회가 풍부했습니다. 그리고 이런 기회와 성장세는 교육을 토대로 해서 가능했습니다. 사실 우리나라에서는 교육만큼 평등한 기회를 제공했던 제도가 없습니다. 주입식 교육이라고는 하지만 모두가 같은 시험을 통해 진학의 문을 통과했습니다. 그러니까 노력만 하면 계층 상승도 어렵지 않았죠. 결국 교육을 잘 받으면 성공할 수 있다는 논리가 생겨나고, 좋은 학교가 성공의 지름길이 됐죠.

그러나 시간이 흘러 세대가 바뀌고 이제는 일괄적으로 시험 성적으로만 자식의 미래를 결정하는 시대는 지나갔습니다. 성적만이 아닌 이른바 '스펙'이 장래를 결정하고, 이미 중고등학교에서부터 아이들은 다른 출발선에 섭니다. 부가 교육이라는 핏줄을 통해 세습되기 시작한 겁니다. 부모의 경제력과 열성이 상급학교 진학의 기준이 되었고, 예전처럼 모두가 똑같은 교육을 받는다는 이념도 유명무실하게 되었습니다. 지금은 세계적으로도 과거와 같은 경제적 활력이 없어졌고, 이런 변화가 또 부모 세대의 잘못이라고 하기도 어렵기에, 아이들 자신도 감내하고 견디는 게 사실이지요.

성장과 효율 기반에서 풍족한 기회를 누릴 수 있었고, 그 속에서 부와 권력을 획득하는 데 몰두해온 세대에게 삶을 살아가는 방법은 그리 많지 않았습니다. 그리고 그 길이 여전히 통할 거라 믿고 아이들 세대가 가야 할 길을 만들어준 겁니다. 모두가 대학이라는 과정을 거쳐야 성공할 수 있을 거라는 믿음이지요. 그리고 세계에서도 유례없는 '하늘 대학'을 만들었습니다. 땅에서 고생해 하늘로 올라야만 이 사회에서 사람 구실을 할 수 있고 미래가 보장될 거라는 착각에 빠졌고, 자신의 기득권을 대를 이어 유지할 수 있다는 믿음도 버리지 않았습니다. 이렇게 교육이 계급 재생산의 수단이 되면서 우리 사회는 이른바 학벌사회가 되었고 교육 시스템은 더욱 기형적으로 복잡해졌습니다. 부모가 목적을 위해서라면 수단과 방법을 가리지 않고 아이들의 삶에 개입한 겁니다.

설국열차에서 내리기

공교롭게도 저는 지하철의 아이들을 보며 이런 생각에 빠져 있었습니다. 겨울로 들어가는 바깥 풍경을 보고 있자니 이 광경이 마치 영화 〈설국열차〉의 장면 같다는 생각이 들었지요. 영화에서 앞 칸으로 가기 위해 가열하게 투쟁하던 사람들과 좋은 자리를 지키려 강력하게 버티던 사람들, 하지만 양쪽 다 오로지 한 길로만 달리고 있는 사람들이었습니다. 기성세대도 수능성적표처럼 앞 칸에 있으면 행복할 줄 알았지만 늘 허기지고 빼앗길까 동동거리는 삶을 살아야 했지요. 그들에게도 자신만의 꽃밭은 없었습니다.

사회적 자원의 공정한 분배로 보면 열차의 앞 칸을 다음 세대에 양보하는 것이 맞을 겁니다. 하지만 달리 생각해보면 우리 모두가 설국열차를 탈 필요가 있는지 물을 수도 있습니다. 분명 사회는 다음 세대에 더 좋아질 겁니다. 다만 지금과 같이 모두가 한 곳을 향하는 길에서 경쟁한다면 그것도 쉽지 않아 보입니다. 높은 교육열이라는 장점이 불공정한 경쟁의 바탕이 되었고, 미래 사회에서의 경쟁력마저 떨어뜨리고 있지 않나요. 그러나 목적지로 향하는 방법은 많습니다. 열차에 내려 다른 교통수단으로 갈아타도 되고, 느리지만 두 다리로 걸어도 됩니다. 어쩌면 낯선 길로 돌아가는 듯 보일 수도 있지만, 그래도 괜찮다는 걸 말해주고 싶습니다. 드라마 주인공의 마지막 대사처럼 행복은 찾는 것이 아니라 음미하는 것이죠. 그 다양한 삶의 과정에서 사용되거나 내뿜는 에너지는 모두 다르지만, 삶의 풍경도 내음도 더 가까이 느끼게 되고 더 설레며 자신만의 꽃밭을 만들 수 있을 겁니다.

오히려 미래가 요구하는 사회 구성원은 그 다양성에서 나올 겁니다. 이미 선진국에서 시도하는 인재 채용에 대학은 고려대상이 아닙니다. '헤스의 법칙'을 적용해보면 결국 모든 사람의 삶의 종착지는 같으니 어떤 과정이든 에너지 총량은 같지 않을까요. 모두가 타려고 하는 그 열차만이 정답은 아닐 겁니다.

23

무역 갈등 속의 화학

일본 무역보복 조치가 안겨준 기회

불소 분리에 한쪽 눈을 바친 순교자 앙리 무아상

동네 초등학교 옆을 지나던 길에 작은 문방구가 눈에 들어왔습니다. 대형 문구점 때문에 사라진 줄 알았던 문방구가 예전 모습을 간직한 채 남아 있다는 게 신기했습니다. 딱히 살 건 없었지만 호기심에 안으로 들어갔습니다. 형형색색의 물건들이 좁은 공간에 빼곡하게 쌓여 있거나 걸려 있었고 그런 물건들만 낼 수 있는 특유의 향이 가게 안을 채우고 있었죠. 갑작스레 낯선 손님을 맞이한 주인의 눈빛에 무엇이든 사야 했고 주위를 둘러보니 익숙한 물건이 보였습니다. '태양으로 그리는 그림'이라는 이름이 붙어 있는 감광지였죠. 이 종이는 빛에 반응해 색이 변하는 원리를 이용한 것으로, 필름이나 물체를 올리고 빛을 비추면 그림자 형태로 그림이 나타나는 놀이

도구입니다.

2019년 한국과 일본 사이에 빚어진 무역 갈등은 특정 첨단 소재에 대한 일본의 수출 규제로 시작됐습니다. 거의 도발에 가까운 일본의 행위에 정부와 언론은 비판과 대응 방안을 연일 쏟아냈습니다. 그 소재들이 어떤 물질인지 몰라도 우리나라를 반도체 강국으로 알고 있던 국민은 이런 소재조차 만들지 못해 대부분 일본에 의존해왔다는 데 충격을 받았죠. 수출규제 품목은 에칭 가스인 불화수소산과 고분자인 불화폴리이미드, 그리고 포토리지스트라는 화학물질 3종입니다. 보통 사람에게는 무척 낯선 물질입니다. 수많은 수출품 중에 특정 품목만 콕 집어 규제한 이유도 그만큼 반도체 산업에 중요한 소재라는 방증일 겁니다. 이 소재는 얼마나 중요한 걸까요?

반도체를 만들기 위해 필요한 것들

우리가 어릴 적에 태양이나 전구의 빛을 이용해 감광지에 그림을 그렸던 놀이는 단순한 놀이가 아니었습니다. 바로 반도체 공정은 이 놀이가 정밀하게 바뀐 과정이기 때문입니다. 반도체는 실리콘이라는 기판 위에 반도체 물질을 쌓아 3차원 형태의 고집적 회로로 만든 겁니다. 그런데 이 회로는 눈에 보이지 않을 만큼 미세하고 정밀해서 물리화학적인 방법을 사용해야 만들 수 있습니다. 커다란 필름으로 인쇄된 반도체 설계도는 빛과 렌즈를 이용해 반도체 기판 위에 작게 비칩니다. 영화관에서 필름을 스크린에 확대하는 것과 반대로 설계도를 미세하고 작게 비추는 겁니다. 이때 특정 물질이 반도체 위에 도포되는데, 이것이 바로 포토리지스트입니다. 빛에 반응하여 반도체 설계도가 정밀하게 그려지는 것이죠. 바로 포토리지스트가 감광지인 셈입니다. 다음에는 이렇게 그려진 그림을 따라 불필요한 부분을 깎아내야 하는데 이때 사용되는 것이 불화수소산입니다. 반도체는 정밀한 감광과 식각을 수없이 반복하며 회로를 층층으로 쌓아 만듭니다. 반도체 웨이퍼 한 장을 만드는 데 몇 주가 걸릴 정도로 오랜 시간과 노력 그리고 정밀한 첨단 과학기술이 필요하죠. 결국 일본이 수출을 까다롭게 한 제품은 한국의 반도체 생산에 직접적 영향을 줄 수밖에 없습니다. 나머지 소재인 불화폴리이미드는 우리나라 주력 제품인 디스플레이에 사용되는 필름입니다. 불소를 결합한 고분자 물질로, 불소 덕분에 열과 물리적 충격에 강해 디스플레이 산업에 광범위하게 사용되죠. 그러고 보니 불소라는 원소가 중심에 있습니다.

불화수소산과 불화폴리이미드 필름에 들어 있는 주요 성분인 플루오린(불소, F)은 인간이 다루기에 까다로운 원소 중 하나입니다. 플루오린은 다른 물질과 반응을 잘하기 때문에 천연에서 원소 상태로 존재하지 않습니다. 이 말은 거꾸로 원소를 분리하기가 쉽지 않다는 말이 됩니다. 원소 분리가 쉽지 않은 이유는 결합력뿐 아니라 독성도 한몫을 하죠. 불소와 수소가 결합한 작고 간단한 화합물인 불화수소산에서 그 독성을 확인할 수 있습니다. 광석에서 쉽게 추출되는 불화수소산이 피부에 닿을 경우에 분자 크기가 작기 때문에 피부에 잘 흡수됩니다. 흡수된 불화수소산 일부가 서서히 인체의 수분과 결합하여 플루오린 이온이 파고들면서 칼슘, 마그네슘과 반응하고 뼛속 골수조직까지 침투해 뼈를 녹입니다. 만약 호흡기를 통해 불화수소산 기체가 들어오면 몸속 장기를 녹이는 끔찍한 일이 벌어지겠죠. 많은 과학자가 이 원소를 분리하려다 고통을 받았습니다.

불화수소산의 강한 성질은 18세기 중반에 스웨덴 화학자 칼 빌헬름 셸레에 의해 밝혀집니다. 그는 형석을 황산으로 가열해 불화수소산을 만들었고 유리와 같은 규소 물질을 녹여낸다는 사실을 알게 됩니다. 플루오린의 존재를 알고 원소 이름을 제안한 험프리 데이비도 불화수소산에서 원소를 분리하려다 고통스러운 말년을 보냈지요. 1886년 프랑스 화학자 앙리 무아상Ferdinand-Frédéric-Henri Moissan, 1852~1907이 전기분해로 원소 상태의 플루오린 분리에 최초로 성공했지만, 대신 그는 이 실험으로 한쪽 눈을 잃고 말았습니다. 플루오린 분리를 위해 희생한 과학자들을 '플루오린 순교자'라고 부를 정도였으니 분리 성공은 그만큼 어려웠고 값진 일이었지요. 이런 이유로 1906년에 무아상은 노벨화학상을 받았습니다. 공교롭게도 같은 해 후보는 1869년에 주기율표를 창시한 멘델레예프였습니다. 노벨상위원회가 불소 분리에 손을 들어준 탓에 멘델레예프는 고배를 마시고 다음 해 수상을 기약했지만 1907년 사망하게 됩니다. 노벨상은 사망자에게 수여하지 않는 규정 때문에 주기율표 발명이라는 위대한 업적에도 불구하고 그는 노벨상을 타지 못했죠. 멘델레예프에게는 꽤나 억울한 일이었겠지요. 그런데 주기율표 탄생 150년이 지난 2019년 우리는 불소 때문에 더 억울한 일을 당한 겁니다.

플루오린과 그 화합물을 다루기 어렵다는 걸 알았습니다. 그런데 일본이 기초과학기술에서 우리보다 우위에 있다는 건 사실이지만 이렇게 높은 수입 의존도를 바꿀 수 없을 만큼 우리의 과학기술력이 떨어지는 걸까요? 간혹 언론에서는 우리에게도 불화수소 제조 기술이 있지만 불순물이 많아 파이브나인99.999% 이상의 고순도 제품을 생산하지 못한다는 기사로 양국의 기술 격차와 수입 당위성을 설명합니다. 하지만 사실은 고순도뿐 아니라 초고순도 불화수소산 제조 기술까지 이미 중소기업에서 특허를 취득한 바 있습니다. 그리고 그 이상의 고순도 불화수소산은 반도체 기업에 의미가 없습니다. 초미세 반도체 공정에서는 불화수소산이 아닌 아르곤 플라스마를 이용한 건식 식각을 하기 때문이죠. 그렇다면 서둘러 고순도 불화수소산 생산 시설을 갖추면 해결되지 않을까요. 하지만 말처럼 쉽지 않습니다. 연구소 실험실과 산업적 양산 시스템은 완전히 다르고 반도체 공정에서 불량률은 곧 매출로 직결되니 새로운 제품을 공정에 적용하기 위해서는 막대한 설비 투자비용과 장기간의 제품 적응시간이 필요하기 때문입니다. 그러면 기업은 이런 사실을 알면서도 왜 미리 준비하지 않았던 걸까요?

비관적 현실주의자의 자세로

대기업은 이미 품질이 증명된 제품을 저렴한 가격에 수입하면 되는데 굳이 소재 설비 투자와 시간까지 인내하며 국산 제품으로 바꿀 이유가 없었던 겁니다. 이런 재료들뿐만이 아닙니다. 반도체 설비에 필요한 핵심 장비를 중심으로 국내 중소기업과 협력해 자립 기반을 만들기보다, 손쉽게 수입에 의존하는 생산 체계를 택했던 것이죠. 물론 모든 부품을 자급자족하는 것보다는 글로벌 분업체계가 성장에 더 유리할 수도 있습니다. 일본이 장비와 소재의 국산화로 수직계열화한 독자노선을 택했다가 오히려 경쟁력의 약화로 반도체 분야에서 패망한 게 사실이니까요. 오늘날 일본이 반도체 부품 소재에 집중하는 것도 이런 국제 분업체계에 편승하기 위해서죠.

하지만 우리의 수입 의존도는 너무 높았습니다. 고순도 품질을 확보하기 어렵다는 변명으로 국내 기업과 상생하지 않았고, 자연스럽게 산업 생태계가 기형화돼 커다란 위험요소를 스스로 키운 겁니다. 이런 지적은 끊임없이 제기돼 왔지만, 성장이라는 목표만을 내세워 많은 것을 무시하고 포기한 겁니다. 국민 한 사람으로서 어이없는 행동을 한 일본에 대항해 일본 제품 불매운동에 참여하는 것밖에 떠오르지 않지만, 한편으로 기회가 온 게 아닐까 생각합니다. 늦었지만 뒤틀린 것을 바로잡아야 한다는 인식이 충분히 확산됐으니까요. 위기가 기회를 만들어준 셈입니다. 이처럼 우리는 언제나 낙관주의자보다 비관적 현실주의자의 자세를 가질 필요가 있습니다. 쉽게 바꾸고 해결할 수 있다는 성급함보다는 냉정하고 비관적으로 우리 현실을 봐야 합니다.

한일 간 무역 갈등은 일본 정부가 대한민국 정부와 대법원 판결을 부정하고 매도하며 도발한 보복성 침략 행위가 분명합니다. 따라서 이 문제는 외교와 협상으로 풀어가야 하지만 주권 침해를 허락할 수는 없습니다. 다소의 손해를 무릅쓰고라도 국가의 자주권과 품위는 우리 스스로 지켜나가야 합니다. 반도체는 산업의 쌀이라고도 합니다. 한 국가의 문제가 아닌 세계 전체에 영향을 미친다는 의미죠. 결국 일본의 자해에 가까운 행동은 자국 산업 전체의 경쟁력을 약화시키고 국제 신뢰를 잃는 결과로 귀결될 겁니다. 지금 제 옆에는 문방구에서 가져온 감광지가 놓여 있습니다. 혹시나 하고 감광지 뒷면을 보았습니다. 다행히 '메이드 인 저팬'이 적혀 있진 않더군요.

24

포스트휴먼의 미래

첨단중독 시대, 포스트휴먼으로 산다는 것

반도체 혁신을 끌어올린 인텔 창업자 고든 얼 무어

'알파고'AlphaGo라는 이름을 기억할 겁니다. 알파고는 머신러닝 기반의 바둑 프로그램으로 한국의 이세돌 9단과의 대결로 유명해졌고, 실제 이름은 알파고 리Lee입니다. 이후 인공지능은 우리 생활 깊숙이 들어왔습니다. 물론 인공지능은 그 이전에도 있었죠. 20여 년 전 체스 세계챔피언을 굴복시킨 IBM의 딥블루가 있었고 퀴즈 게임의 왕자가 된 왓슨도 있었습니다. 그런데 알파고는 지금 어떻게 변했을까요? 우리는 알파고가 가져온 인공지능과 4차 산업혁명 프레임에 갇혀 알파고 자체의 성장에 대해서는 관심이 없었습니다.

이세돌을 이긴 알파고 리는 이듬해 알파고 마스터Master라는 이름으로 중국의 커제 9단에게 한 국도 지지 않고 압승합니다. 결국 인공지능을 이긴 마지막 인간은 이세돌이 된 셈이죠. 이후 인류와의 대결을 끝내고 게임의 기보조차 보지 않고 규칙만 학습하며 알파고 제로Zero, 그 다음에는 알파 제로로 진화해 바둑뿐 아니라 일본장기인 쇼기와 서양장기인 체스의 최강 프로그램인 스톡피쉬와 엘모마저 꺾어버립니다. 원래 이름에 붙어있던 '고'Go, 碁는 바둑을 가리키는 일본어인데 바둑뿐 아니라 다른 게임으로까지 확장했기에 '알파 제로'라는 이름으로 바뀐 겁니다. 이제는 기보를 모은 빅데이터를 학습하는 게 아니라 자기 자신과의 대국을 통해 자율적으로 학습하는 기계로 바뀐 거죠. 우리가 잠시 한눈을 판 사이에 엄청나게 성장했고 그 기간이 고작 3년 남짓입니다. 이런 진화 속도에는 하드웨어의 발전도 한몫을 합니다. 빅데이터에서는 연산처리 속도가 중요한 요소니까요. 그 중심에는 최근 일본이 전략물자 수출품목을 규제하며 떠오른 '반도체'가 있습니다. 반도체의 성장이란 무엇을 말하는 것일까요?

무어의 법칙

반도체 성능은 미세공정의 수준에 의존합니다. 쉽게 말해 같은 면적에 더 많은 회로를 촘촘하게 그릴수록 처리용량이 늘어나는 거죠. 결국 반도체 회로의 선폭을 줄이는 것이 관건입니다. 실리콘 웨이퍼 위에 미세하게 회로를 그릴 경우 전자의 이동이 빨라지기 때문에 처리 속도가 증가하고 전원 사용량도 줄어듭니다. 물론 제한

된 크기 안에 더 많은 회로를 넣을 수 있기 때문에 처리용량도 증가하지요. 결국 반도체는 미세화가 핵심 기술입니다. 현재 우리나라 반도체 기업은 선폭을 5나노미터로 그리는 세계 최고의 초미세공정 기술을 가지고 있습니다. 우리 기업은 그 선폭을 이론적으로 가능한 최소의 한계까지 줄이려고 하는 개발 단계에 있죠. 일본이 규제한 포토리지스트는 이런 미세선폭을 그리는 데 반드시 필요한 감광액이고, 결국 신기술 개발을 방해함으로써 압력을 행사하려 했던 거죠. 덕분에 포토리지스트와 불화수소가 반도체 공정에 필수적 부품소재라는 사실이 국민의 상식이 되기까지 했습니다. 이런 반도체 성장의 역사에는 흥미로운 이야기가 하나 있습니다.

2005년 세계적인 반도체 회사인 인텔Intel은 1965년 4월에 발행한 한 잡지를 구하는 광고를 냅니다. 인텔이 40년이 지난 잡지를 찾은 이유는 그 잡지에 실린 한 기사 때문이었죠. 반도체 공학을 공부한 사람들이 가장 먼저 배우는 '무어의 법칙'이 나오는 기사였습니다. 이 법칙은 인텔의 공동창립자인 고든 무어Gordon Earle Moore, 1929~가 처음 주장한 것으로, "18개월마다 칩에 집적할 수 있는 트랜지스터의 수가 2배씩 증가할 것"이란 예측인데 마치 전자공학 이론처럼 널리 알려졌죠. 하지만 실제로 고든 무어는 18개월이라고 콕 집어 말을 한 적이 없다고 합니다.

인텔을 만들기 전 페어차일드라는 반도체 회사에 다니던 무어는 전자산업의 미래를 예측하는 기사 하나를 잡지에 기고합니다. 전자산업은 트랜지스터의 발명과 함께 시작되는데 그 해가 1947년이었고, 그 후로 하나의 실리콘 반도체 칩에 들어가는 트랜지스터 수와 성능이 2년마다 2배씩 늘어났습니다. 이 내용이 기사의 핵심이었고 이 현상이 미래에도 유효하다는 예측을 다룬 기사였죠. 인텔은 설립 10주년에 집적도가 '2년에 2배'로 증가할 것이라고 공식적으로 발표합니다. 이 예언 같은 법칙은 이후 인텔 반도체 전략의 핵심 역할을 했고, 우리나라 기업을 포함한 대부분의 반도체 업체가 '무어의 법칙'에 따라 칩 개발의 로드맵을 만들었는데 최근까지도 놀라울 정도로 적중했습니다. 예를 들어 1978년 인텔 8086이라는 반도체 안에는 2만 개의 트랜지스터가 있었고 17번째 제품에서는 25억 개라는 막대한 수가 됐죠. 어쩌면 전자산업의 모든 발전은 사소한 원고 하나에서 시작됐을지 모르겠습니다. 이 법칙이 전 세계 전자산업의 묵시적 목표가 됐으니까요. 40년이 지난 후 인텔이 광고를 낸 이유는 인텔의 수장인 무어도 자신의 예측 기사가 실린 잡지가 없었기 때문입니다.

그런데 '무어의 법칙'은 우리가 알고 있는 과학 법칙처럼 자연현상을 관찰하고 측정한 결과로 만들어진 법칙과 다릅니다. 이 법칙은 한 기업에서 제품 개발의 목표로 정한 것이 우연하게도 과학기술과 산업이 밟아온 과정으로 입증되면서, 마치 정해진 법칙처럼 둔갑한 경우입니다. 그럼에도 이 법칙에 맞춰 반도체 업체는 제품 수요와는 별개로 반도체의 회로 선폭을 줄여 성능을 높였고, 다른 산업들도 개발된 반도체 기준에 맞춰 적정한 제품을 생산한 셈이 된 겁니다. 물론 점점 많은 데이터를 요구하고 처리속도를 높여야 하는 시대적 요구를 무시할 수 없었죠. 그리하여 우리는 이제 크기는 작아졌지만 성능은 훨씬 높아진 컴퓨터를 손에 들고 다니게 되었습니다. 20여 년 전 체스 챔피언을 이긴 프로그램은 이제 스마트폰의 앱으로 들어오게 되었습니다. 우리는 언제 어디서나 네트워크에 접속해 일상의 일을 처리합니다. 은행에서 줄 설 이유도 없고 서류를 떼기 위해 관공서에 갈 일도 줄었습니다. 사물인터넷이 등장하여 원격으로 전자제품을 조정하는 단계에까지 왔습니다. 반도체의 발전 덕분에 현대인의 생활이 과거에 비해 풍요로워졌다는 것에는 반론이 없습니다.

자발적 필요일까, 자율성의 포기일까?

하지만 우리의 선택에 풍요로움 외에 개운하지 않은 무언가가 남아 있는 느낌을 지울 수 없습니다. 처음에는 인간의 말을 알아듣고 원하는 정보를 알려주거나, 때맞춰 청소기를 돌려주고 TV와 에어컨을 밖에서 켜고 끄는 게 신기하고 편리했습니다. 그런데 마치 사탕을 처음 먹은 어린아이처럼 계속 단맛을 찾게 되더군요. 덕분에 외출할 때 집 안과 스스로를 한번 둘러보던 습관이 사라졌습니다. 내비게이션을 켜고 몇 번이나 갔던 길도 생소하게 느껴져 혼자서는 찾아갈 수 없게 되었습니다. 늘 화면 속의 거리를 주시했을 뿐, 눈으로 길을 확인해본 기억이 없으니까요. 하찮은 일을 기계에 맡기면 스스로 더 나은 일에 집중할 줄 알았는데, 어느 날 보니 기계가 시키는 일을 하고 있거나 사고의 영역이 줄더군요. 내비게이션이 시키는 대로 운전하는 제 모습을 보고 웃음이 나왔습니다. 이 편리함이 내가 자발적으로 요구한 것인지, 내 삶에서 그나마 자율적 주체성을 가지고 하던 일을 빼앗긴 건 아닌지 혼동되기 시작합니다. 풍족해진 만큼 시간과 여유가 생겨야 하는데 우리 삶은 이상하리만큼 더 바빠졌습니다. 인공지능이 등장하며 오히려 뒤처지는 느낌을 지울 수 없습니다.

저의 개운치 않은 느낌이 발전을 따라잡지 못하는 능력 탓일 수도 있지만, 한편으로 이런 생각을 해봅니다. 우리의 생활이 인위적 법칙이 만든 속도의 프레임에 빠진 것은 아닐까? 지금 우리가 누리는 첨단 전자제품의 성능과 사용 습관이 과연 적절한가? 짧게는 1년, 길어야 2년마다 시장의 요구에 부합한 성능의 제품이 출시된다고 하지만, 그것이 진정 우리의 자발적 필요에 따른 생산인가 하는 겁니다. 어쩌면 거꾸로 우리가 그 속도에 맞춰진 건 아닌가 하는 의심을 지울 수가 없습니다.

신기하게도 멀쩡하게 사용하던 휴대폰도 신제품이 나오면 급격하게 성능이 떨어져 우리의 길들여진 속도감을 따라오지 못하는 구형으로 전락합니다. 마치 무언가에 홀린 것처럼 신형제품을 구매하기 위해 대리점을 찾게 되지요. 고장이 나서 바꾸는 게 아니라 유행에 뒤처지는 느낌 때문에 바꾸는 거죠. 집 안에는 아직도 사용이 가능한 전자제품이 쌓여 있습니다. 성장의 이념에 갇혀 우리가 과잉의 선을 넘고 있는 건 분명해 보입니다. 최근 기후변화로 줄이고 아껴야 한다는 구호는 들리지만 미래를 향한 전자산업 발전과 그 사용은 브레이크가 고장 난 자동차처럼 달려가고 있으니까요. 전자제품 하나가 나오기까지 탄소배출은 물론이고 엄청난 화학제품이 사용된다는 사실은 무시되고 있죠.

다행인지 모르지만 2010년 즈음부터 '2년마다 2배'라는 법칙을 따라가지 못하고 있습니다. 결국 2016년 반도체 업계는 기술적 한계로 인해 그들의 로드맵인 '무어의 법칙' 포기를 선언했죠. 집적도가 5나노미터 수준이 되면 양자역학에서 이야기하는 '터널링 현상'으로 인해 전자가 다른 곳으로 이동하면서 합선이 되는 문제가 생긴다고 합니다. 지금은 그 한계까지 도달한 셈이고 무어의 법칙은 끝났습니다. 동시에 우리도 무언가를 끝낼 때가 되지 않았나 생각됩니다.

무조건 줄이고 쓰지 말자는 게 아닙니다. 적절한 소비는 경제의 동력이지요. 다만 우리 손에 오기까지 얼마나 많은 탄소를 대기에 배출했을까 생각하고, 기후변화로 녹고 있는 유빙 위에서 어쩔 줄을 모르고 살기 위해 안간힘을 쓰는 북극곰을 한번 떠올려보자는 겁니다. 주변이 온통 인공지능과 4차 산업혁명에 탑승해 질주하고 있습니다. 우리 삶과 정보통신기술의 융합은 단순한 결합을 넘어 인간과 기술이 상호작용하는 단계에 들어섰고, 이제는 생물학적 차원의 유기적 관계로까지 발전하고 있죠. 그야말로 포스트휴먼 시대로 진화하고 있습니다. 이 시대는 단순히 인간의 능력을 대체하거나 증대시키는 수준을 떠나 신인류를 요구하고 있습니다. 하지만 그 요구가 과연 어디로부터 온 요구인지 생각해볼 필요가 있습니다. 분명 인류 스스로 요구한 것처럼 보이는데, 포스트휴먼 시대에 정작 인간의 본 모습은 보이지 않습니다. 무작정 달리던 차에서 잠시 내려 진정한 포스트휴먼이 무엇인지를 생각할 지점이 아닌가 합니다.

25

빛 공장

모든 것이 멈추어도 멈추지 말아야 할 것

상대성 이론 앞에서 멈춘 과학자 헨드릭 안톤 로런츠

집 안의 잡동사니를 정리하던 중에 잃어버린 줄 알았던 오르골을 발견했습니다. 예상대로 오래 방치하여 움직이지 않더군요. 오르골은 대부분 태엽을 이용한 방식인데, 이 제품은 전기모터로 작동하는 방식이어서 바로 전지를 갈아 끼웠습니다. 그런데도 여전히 오르골은 동작하지 않았습니다. 모터에 문제가 있다는 걸 바로 알았죠. 모터는 복잡한 전자부품과 달리 자석과 전선 코일로만 만든 간단한 장치입니다. 구조가 복잡했다면 저의 무능함을 탓했겠지만, 오히려 단순한 것이 멈추니 상당한 무력감이 느껴지더군요. 사실 이 장치는 작고 단순하지만 생긴 것에 비하면 거대한 힘을 가진 존재이기도 합니다.

학창 시절의 과학 시간을 떠올리면 플레밍의 왼손이나 오른손 법칙이 생각납니다. 검지와 중지, 엄지손가락을 자기력과 전류, 힘에 대입해 각각의 영향과 관계를 설명한 법칙입니다. 이 방법은 영국의 전기공학자인 플레밍이 전자기학의 물리적 원리를 당시 전기 기술자들이 쉽게 이해할 수 있도록 손가락을 이용해 설명한 것이지요. 흥미로운 것은 원리를 찾아낸 사람은 따로 있는데, 오히려 설명을 고안한 사람이 더 유명한 경우라는 겁니다.

로런츠의 힘

그 원리는 전하를 띠고 있는 입자, 그러니까 전자와 같은 대상이 자기장이나 전기장 안에서 받는 힘을 정의한 것이죠. 네덜란드 물리학자 헨드릭 안톤 로런츠Hendrik Antoon Lorentz, 1853~1928가 당시의 전자기학 이론을 발전시켜 이 힘을 유도했다고 해서 '로런츠의 힘'이라고 부릅니다. 사실 플레밍의 법칙은 자기장(검지)과 전류(중지), 그리고 힘 또는 운동(엄지)의 방향이 직각을 이루는 경우에만 한정된 법칙입니다. 그래서 세 손가락을 펴서 서로 직각으로 배치해 설명했죠. 물론 로런츠가 여기에 그쳤다면 모터의 원리를 정의한 과학자로만 기억될 겁니다. 하지만 로런츠 덕분에 물질이 에너지를 흡수하고 빛을 방출하는 원인이 전자로 밝혀지고, 전자가 실제로 존재하는 입자라는 사실이 확실해졌죠. 그는 제자인 피터르 제이만과 함께 1902년 '방사에 대한 자기장 영향'이라는 논문으로 노벨물리학상을 받습니다.

대부분의 사람은 로런츠라는 과학자보다 아인슈타인을 더 잘 알고 있습니다. 마찬가지로 '로런츠의 법칙'보다 '특수 상대성 이론'이 더 유명합니다. 특수 상대성 이론의 핵심은 시간과 공간이 절대적인 물리량이 아니라 관찰자에 따라 상대적이라는 것을 확인한 겁니다. 더 쉽게 말하면 이렇습니다. 마주 달리는 두 자동차에서 상대방의 속도는 분명 자신의 속도와 상대의 속도를 더하는 방법인 상대성의 원리로 계산되지만, 그 대상을 자동차에서 빛으로 바꾸면 이런 상대성의 원리가 유효하지 않다는 겁니다. 달리는 자동차에서는 달리는 방향이든 반대 방향이든 지나는 빛의 속도가 변하지 않기 때문이죠. 이 불편한 진실 앞에서 로런츠를 비롯한 당시의 많은 물리학자는 상대성 이론과 광속 불변의 원리가 상충하기에, 이 딜레마를 극복하기 위해서는 상대성 원리를 버려야 한다고 생각했죠. 하지만 아인슈타인은 이 상황에서 둘 모두를 원리로 채택합니다.

사람들은 아인슈타인이 서로 성립되지 않을 것 같은 두 원리를 화해시킨 통찰력을 지닌 유일한 인물로 기억하고 있지만, 사실 과학은 한 사람의 독보적인 능력에만 의존하지 않습니다. 모든 결과에는 과학계의 누적된 힘이 영향을 미치기 때문이죠. 아인슈타인이 두 원리에서 연역이 가능한 수학적 관계를 어렵지 않게 찾아낸 이유는 바로 로런츠가 과거에 유도했던 관계식과 정확하게 일치했기 때문입니다. '로런츠 변환'Lorentz Transformation이 바로 그것이고, 이 변환식이 특수 상대성 이론의 수학적 핵심인 셈입니다. 아인슈타인은 로런츠 변환에서 역사에 남을 만한 놀라운 결론들을 도출해낸 겁니다. 왜 로런츠는 특수 상대성 이론에 근접하고도 결론에 도달하지 못했을까요? 왜 그는 위대한 발견의 조력자로만 남았을까요? 답을 알아보기 전에 다른 질문을 던져봅니다. 상대성 원리와 같은 물리학 이론이 우리가 살아가는 데 어떤 도움이 될까요?

코로나19와 방사광가속기

여기서도 코로나19를 이야기하지 않을 수 없습니다. 감염병으로 인해 오르골의 모터처럼 모든 것이 멈췄습니다. 정상으로 돌아갈 줄 알았던 일상은 기약이 없으며 세상을 움직였던 모든 조각이 마치 물리학에서 말하는 정지계처럼 움직이지 않는 기준이 됐지요. 바이러스 감염병에서 치료제와 백신이 질병 확산을 통제하는 돌파구임에도, 그것들이 나올 때까지는 예방과 면역에 의지할 수밖에 없기에 우리의 활동이 멈춰버린 겁니다. 그렇다면 수많은 감염자들이 의료기관에서 받을 수 있는 처치는 무엇일까요? 의료기관이 제공하는 것은 대부분 증상 완화를 위한 치료이고, 백신이 없을 때 바이러스를 대상으로 할 수 있는 일은 기존 항바이러스제뿐입니다. 항바이러스제는 인체로 들어온 바이러스의 가장 큰 기능인 복제를 막거나 증식을 억제하는 치료제입니다.

그런데 신종플루 유행 때를 떠올려보면 당시 수백만의 감염자 발생에도 코로나바이러스와 달리 대규모 피해를 막았던 일이 기억

날 겁니다. 그것은 '타미플루'라는 치료제 때문이었습니다. 그러면 이 치료제는 어떻게 그토록 짧은 시간 안에 만들어졌을까요? 이유는 인플루엔자 바이러스와 세포의 단백질 결합 구조가 밝혀지면서 바로 치료제 개발로 이어졌기 때문입니다. 바이러스 외피에 존재하는 당단백질과 인간 세포의 수용체가 서로 인식하면 세포는 세포막을 열어 바이러스를 삼키는 작용을 합니다. 이 과정이 바로 감염이고, 세포 안에 들어간 바이러스는 자신의 유전자 물질을 여러 벌 복제한 후 세포를 파괴하며 탈출하죠. 타미플루는 당단백질인 효소에 결합하여 그 이별을 방해하는 작용을 합니다. 결국 증식된 바이러스가 퍼져 나가지 못하는 사이에 몸의 면역 시스템이 시간을 벌고, 최종적으로 현장에 도착해 감염된 세포를 살해하도록 하는 것이 이 치료제 역할입니다. 그런데 인류는 어떻게 단백질 분자가 세포와 반응하는 동작을 알았을까요? 여기에는 잘 알려지지 않은 중요한 기여자가 있는데 바로 방사광가속기입니다. 당시 제약사는 미국 스탠퍼드 대학의 싱크로트론 방사광을 통해 단백질의 구조와 결합 원리를 밝혔습니다. 그런데 방사광가속기는 무엇일까요? 앞서 로런츠의 노벨상 논문에도 '방사'放射라는 단어가 있으니 왠지 이 과학자와 깊은 관련이 있을 것 같습니다.

방사광가속기는 일종의 '빛 공장'입니다. 전자를 빛의 속도에 가깝게 가속하여, 상대성 운동을 하던 전자가 전자기장에 의해 '로런츠의 힘'의 원리로 속력과 방향을 바꾸도록 하는 거대 장치입니다. 이때 횡방향의 가속을 받은 전자의 궤도가 휘면서 엑스선이라는 방사광 형태의 에너지가 발생하는 겁니다. 로런츠의 논문이 거대 장치로 구현된 셈입니다. 이 엑스선 빛을 가지고 원자 수준에서 일어나는 물질의 물리화학적 구조와 반응을 영화처럼 볼 수 있는 거죠. 타미플루의 개발은 세포막 바깥에서 작용하는 병원성 단백질이 어떻게 세포막과 반응하는지 알 수 있었기 때문에 가능했습니다. 방사광의 활용은 의학 분야뿐 아니라 모든 과학과 산업 분야에서 필수입니다.

물론 국내에도 방사광가속기가 있습니다. 하지만 오래전 포항의 한 대학에 설치된 가속기는 3GeV(기가전자볼트)의 높은 성능을 가지고 있고 빔라인도 35기가 있지만, 이미 이용 빈도가 포화되었고 빛의 품질도 좋지 않아서 사실상 국제 경쟁력을 상실했습니다. 전 세계 선진국의 방사광가속기들은 대부분 3~6GeV 에너지 대역에서 피코미터 10^{-12}m 파장의 고품질 빛을 만들어내고 있으며, 가까운 일본만 해도 이런 장치가 8개나 있죠. 일본이 과학강국이 된 이유는 그들이 똑똑해서가 아니라 그만큼 기초과학이 견고하기 때문입니다.

최근 세계 반도체 파운드리(위탁생산) 시장 1위인 대만 TSMC가 실적을 기록하며 2위인 삼성전자와 격차를 더욱 벌렸습니다. 언론은 코로나19로 비메모리 시장 전망이 어두워진 사이에 기술 초격차로 추월할 기회라고 하지만, 쉽지 않다는 걸 알아야 합니다. 속도와 효율만 중시하다가 늘 외면당하는 면이 있다는 걸 알아야 하죠. 대만 신주지구에 방사광가속기가 2개나 있고, 그 시설을 중심으로 4개의 대형 TSMC 랩은 물론 수천 개의 반도체 업체들이 방사광가속기를 활용합니다. 미국은 물론이고 일본과 중국도 이미 여러 대를 확보하고 있고요. 우리도 좋은 품질의 빛을 만드는 방사광가속기를 가져야 합니다. 그리고 특정 대학이나 연구소의 전유물이 아닌 다목적이어야 하고, 산업체 지원을 늘려 경제에 도움을 주는 연구시설로 자리매김해야 하죠.

최근 신규 방사광가속기 활용도를 조사한 결과 반도체나 IT 분야뿐만 아니라 생명과학 분야와 신약개발에 이르는 바이오 분야의 수요도 예상보다 많은 것으로 나타났습니다. 바로 코로나19 바이러스와 같은 문제에 대처하려는 연구 수요가 많다는 뜻이죠. 물론 여기에는 양적 요구뿐만 아니라 질적 요구도 크죠. 현재 국내 방사광 품질과 기존 학교나 연구소 실험실 장비로는 분석할 수 없는 한계를 인식했고, 그만큼 국내의 부족한 환경을 방증한 셈이 됐습니다. 과학을 모르는 사람이 들어도 방사광가속기의 가치는 매우 커 보입니다. 다행스럽게도 최근 충북 오창에 신규 방사광가속기 구축이 결정됐습니다. 부지가 선정되었으니 착수만 하면 될 것 같지만, 아직 넘어야 할 산은 많습니다.

천재였던 로런츠의 업적은 위대했지만 물리학자에게는 상식인 상대성 원리를 신뢰하지 못해 특수 상대성 이론까지는 도달하지 못했습니다. 심지어 그는 아인슈타인의 이론이 나온 뒤에도 이를 수용하지 못했다고 합니다. 자명한 사실을 무시하는 과학은 더 이상 나아갈 수 없는 법입니다. 알고 있는 것을 반성하고 새로운 것과 조화시켜보려고 노력하는 과정에서 인류는 발전합니다. 팬데믹은 마치 방사광과 같은 엑스선으로 현재 인류 문명을 비추고, 앞으로의 인류가 어떤 방향으로 나아가야 할지 알려주는 듯합니다. 과학의 역사도 이런 이치를 알려줍니다. 모든 것이 멈춘 상황에서도 멈추지 말아야 할 것이 분명히 있습니다.

26

당구공의 과학

플라스틱이 상아를 대체했지만, 코끼리는 잘 살고 있을까

최초의 플라스틱을 개발한 존 웨슬리 하얏트

지금은 당구공 제조 독점이 깨져 여러 기업이 당구공을 만들고 있지만, 지난 80여 년은 벨기에의 한 기업이 독점 생산하고 있었고 현재도 여전히 당구공 시장의 80퍼센트 이상을 점유하고 있습니다. 그리 복잡해 보일 것 없는 당구공이지만 이 제품은 의외로 까다로운 조건을 채워야 합니다. 약 40만 회의 타격과 5톤의 하중을 견디는 내구성에다 적당한 탄성을 필수적으로 갖춰야 하고 변형되지 않는 완전한 구형을 유지해야 합니다. 그만큼 제조 공정이 까다로워 기업의 일급기밀로 유지되고 있죠. 심지어 당구공이 타격될 때 발생하는 시속 30킬로미터의 속도로 인해 당구대 표면과의 순간 마찰열이 섭씨 250도까지 올라가기 때문에 내열성도 필요합니다. 당구

공의 주요 재질은 이미 알려졌지만, 첨가되는 물질과 수십 단계에 이르는 제조 과정은 과거의 코카콜라 비밀처럼 그야말로 당구공 업계의 극비 사항입니다.

당구는 기원전 400년경 그리스에서 시작됐고, 현대식 당구는 14세기경 영국과 프랑스에서 즐기던 크리켓 놀이의 변형이라고 합니다. 현재 전 세계적으로 당구 동호인 수는 가늠하기 힘드나 우리나라만 해도 남녀노소를 불문하고 즐기는 스포츠이고, 짐작건대 당구공의 수요는 예나 지금이나 꽤 많을 겁니다. 현재 사용하는 당구공은 페놀수지가 주성분인 제품입니다. 페놀수지는 플라스틱의 한 종류입니다. 초기 당구공은 나무나 돌로 만들었습니다. 하지만 이 재료들은 당구공이 가져야 할 특성에 적합하지 않죠. 그렇다면 플라스틱이 존재하지 않던 시절에 당구공은 무엇으로 만들었을까요? 바로 상아가 당구공의 까다로운 조건을 만족하는 재료였습니다. 코끼리 위턱에 있는 송곳니가 우리가 알고 있는 상아입니다.

상아는 그 특별한 성질로 인해 당구공뿐만 아니라 파이프 담배나 피아노 건반, 빗의 재료로도 사용됐습니다. 어찌 보면 일종의 사치품이죠. 제국주의 시대 유럽 귀족들의 욕망을 채웠던 재료는 상아였고, 이들에게 상아를 공급할 수 있는 지역은 아프리카 식민지였습니다. 아프리카 서부 기니만 북쪽에 있는 연안에는 코트디부아르 Côte d'Ivoire라는 나라가 있습니다. 이 프랑스어 국명의 뜻은 '상아 해안'Ivory Coast입니다. 15세기 후반부터 유럽 제국주의 국가들은 식민지인 이곳 해안에서 상아를 대대적으로 실어 나릅니다. 얼마나 많은 코끼리가 희생됐을지 짐작할 만하죠. 19세기에 당구공을 상아로 만들면서 그 수요가 더욱 급증했을 겁니다.

상아에서 플라스틱으로

상아에 대한 인간의 그칠 줄 모르는 욕망은 생태계 진화에도 영향을 미칩니다. 멸종의 위기에서 상아가 없는 것이 진화적 강점으로 작용하면서 상아 없는 코끼리들이 나타날 정도였으니까요. 이런 기형의 코끼리를 보고 인간도 위기의식을 느꼈겠지만, 생태계 위기보다는 상아의 수요와 공급 사슬이 무너질까봐 더 큰 위기감을 느꼈을 겁니다.

19세기 중엽 미국 당구용품 회사 사장이던 마이클 펠란은 상아 대체 물질을 만드는 사람에게 1만 달러의 상금을 주겠다고 신문에 광고를 냅니다. 미국 뉴욕의 인쇄공이었던 존 웨슬리 하얏트John Wesley Hyatt, 1837~1920는 석탄에서 열가소성 물질을 뽑아내 상아와 유사한 물질을 만듭니다. 바로 셀룰로이드celluloid라는 이름을 붙인 최초의 천연수지 즉 플라스틱이 등장한 거죠. 식물 세포벽의 기본 성분인 셀룰로스와 유사한 물질이라는 뜻을 가진 이 신소재의 발명은 하얏트가 처음은 아닙니다. 1855년 영국의 알렉산더 파크스Alexander Parkes가 면화에 질산을 넣어 개발한 파케신Parkesin이라는 물질이 시초지요. 하얏트는 이 제조 기술을 개량하여 셀룰로이드를 만든 겁니다.

하지만 그는 상금을 받지 못합니다. 이것으로 상아 당구공을 완전히 대체하기는 어려웠기 때문이죠. 이 천연수지의 주성분인 나이트로셀룰로스의 성질 때문입니다. 이 성질 때문에 처음에는 잘 깨지고 충격에도 잘 폭발해 당구공으로 쓰기가 적합하지 않았습니다. 나이트로셀룰로스는 온도가 올라가면 자연 발화할 위험이 있는 것이 최대 단점이죠. 실제 다이너마이트와 같은 폭약은 나이트로글리세린과 이 물질을 함께 사용했습니다. 이 물질의 화재나 폭발의 위험성은 다른 사례에서도 찾아볼 수 있습니다. 당구공뿐 아니라 가벼운 탁구공도 셀룰로이드 재료로 꽤 오래 사용됐습니다. 2004년 아테네 올림픽을 앞두고 국제올림픽위원회IOC는 항공사로부터 경기에 사용될 탁구공을 반입할 수 없다는 통보를 받았죠. 역시 화재의 위험성 때문이었습니다. 결국 셀룰로이드 탁구공은 선박으로 수송됐고 국제탁구연맹은 2015년부터 모든 경기에서 플라스틱 공을 사용하게 됩니다. 기존의 셀룰로이드 탁구공은 표면에 미세한 돌기 구조가 있었는데 플라스틱 공은 매끈해서 라켓과 탁구대의 마찰력과 회전력에 영향을 끼치게 됩니다. 또 다른 사례는 초기 영화필름이 대부분 셀룰로이드 물질이란 거였죠. 그래서 영화 필름을 보관한 창고에 화재가 빈발하기도 했습니다. 영화 〈시네마 천국〉에서 토토와 함께 주연했던 알프레도가 영사기에서 발생한 화재로 인해 실명을 하게 되는데, 그만큼 필름에 사용된 재료가 화재에 취약했던 겁니다.

그렇지만 셀룰로이드 덕분에 상아 느낌이 나는 물건을 서민들도 저렴한 가격으로 살 수 있게 됩니다. 플라스틱이 현대에 심어준 철학 중 하나가 물질 소비의 보편화입니다. 플라스틱은 빈부격차와 무관하게 소비의 민주화를 이루게 했습니다.

그렇다면 현재 당구공의 주성분인 페놀수지의 등장은 언제일까요? 1872년에 독일 화학자 폰 바이어가 석탄산(페놀)과 포르말린(폼알데하이드 수용액)을 섞어 가열하면 수지 물질이 나오는 것을 발견해 논문을 발표합니다. 하지만 당시에는 특별한 물질의 재료가 되기에는 부족했고, 관심을 받지 못한 그의 논문은 30여 년 동안 잠들게 되죠. 이후 1906년에 미국 화학자이자 사업가였던 리오 베이클랜드 Leo Hendrik Baekeland가 잠들어 있던 폰 바우어의 논문을 찾아내 폼알데하이드와 페놀의 반응 방법을 개선합니다. 그러고는 자신의 이름을 따서 이 물질을 '베이클라이트'라는 이름으로 상품화하였고, 이것이 최초의 인공 합성수지인 플라스틱입니다.

화석원료는 자연의 선물이었습니다. 우리는 이 선물을 통해 다양한 물질을 만들어 사용합니다. 석탄으로 만든 페놀수지부터 시작해 1937년 네오플랜과 나일론이 등장했고, 석유가 활용되기 시작하면서 100년이 지나지 않아 수많은 합성물질이 만들어집니다. 석유화학공업으로 만든 에너지와 만능의 물질들은 자연을 희생하지 않고 평범한 사람들도 양질의 물질을 사용할 수 있도록 물질의 민주화를 이뤄냈습니다.

코끼리뿐 아니라 인간의 욕망과 이익에 희생된 자연은 수없이 찾아볼 수 있습니다. 그런데 과학은 그 수단이 되기도 했지만, 또 그 자연을 구하는 역할도 합니다. 천연 보랏빛 염료를 얻기 위해 고둥 1만 2,000마리를 죽여 얻는 양은 고작 1밀리그램입니다. 지금은 인공합성으로 보라색 염료를 만들어낼 수 있게 되었죠. 밤을 밝히는 등불 기름을 얻으려고 향유고래를 포획해 뇌에서 기름을 뽑아내기도 했죠. 허먼 멜빌이 쓴 『모비 딕』은 당시 성행했던 고래 남획과 관련된 이야기이기도 합니다. 이밖에도 인류의 욕망을 위해 희생된 자연의 생명체들은 끝이 없습니다. 과학으로 자연을 대체할 물질을 만들 수 있게 되면서, 과학 문명이 자연 생태계를 구했다고 해도 과언이 아닙니다. 하지만 과연 그럴까요? 플라스틱이 상아를 대체했지만, 코끼리는 예전처럼 평화롭게 아프리카 초원을 누비며 살고 있지 않습니다.

인류의 오만을 넘어서

역사상 가장 풍요로운 시대라고 하는 지금도 동물의 신체를 인간의 욕망과 부의 상징으로 거래하는 것은 변함이 없습니다. 얼마 전 〈휴머니멀〉이라는 다큐멘터리 방송에서 코끼리 사냥을 보여주더군요. 사냥꾼들은 코끼리를 총으로 쓰러뜨린 다음 항거불능 상태로 만들기 위해 전기톱으로 척추를 끊어버립니다. 그리고 아직 살아 있는 상태에서 코끼리의 머리를 통째로 잘라내더군요. 상아를 조금이라도 길게 뿌리까지 꺼내기 위해서라고 합니다. 함께 살아가야 할 생명은 여전히 고통을 받고 있고, 지구의 생물 종은 계속 사라지고 있습니다. '인간은 탐욕의 세대가 바뀌었어도 그 잔인함에는 변함이 없다'는 방송 자막이 기억에 남는군요.

자연은 인류에게 커다란 선물을 주었는데 우리는 자연에 무엇을 돌려주고 있을까요? 돌이켜보면 화석원료 문명은 채굴부터 정제해서 생산하기까지 막대한 비용이 들어가는 역사상 가장 비싼 에너지입니다. 산업혁명으로 시작해 효율과 단기 이익만을 추구하는 신자유주의 경제로 지구의 미래는 신경 쓰지 않게 됐죠. 지각에 있던 탄소를 꺼내 화석연료를 태우고 연일 넘쳐나는 일회용품을 만들어 지구 대기와 자연에 쏟아내고 있습니다. 당구공과 닮은 지구는 몸살을 앓고 있고, 기후변화로 촉발된 생태계의 변형과 서식지 변화로 결국 바이러스까지 동물의 몸을 경유해 인간에게 이동합니다. 덕분에 현재 인류는 감염병으로 인한 평등한 고통의 민주화를 경험하고 있고, 탄력성을 잃어버린 인류 사회는 한 번도 경험하지 못한 자연의 역습에 무력화되고 있습니다.

'뉴노멀'이라는 말이 회자되지만, 누구도 새로운 표준을 제시할 수 없어 보입니다. 기존에 알고 있던 사회적 경험과 법칙들이 통하지 않고 있기 때문입니다. 인류가 당구공으로 자연을 구했다는 건 오만일지 모릅니다. 둥근 지구 위에서 자연과 그 위의 또 다른 생명체들과 함께 당구공처럼 둥글게 살아야 한다는 이치를 자연이 깨달으라고 하는 것은 아닐까요. 반복되는 역사 속에서 나타난 자연의 무수한 경고에도 우리가 무시하고 있거나 놓치고 있는 것을 다시 짚어봐야 할 때입니다.

VI부

세상을 살아가다

사물의 본질을 찾기 위해 인류는 끊임없는 탐구를 해왔다. 그 결과 이 세상을 이루고 있는 대부분의 물질을 알아냈다. 하지만 물질을 안다고 해서 자연이 만든 사물 그 자체의 본성과 그렇게 움직일 수밖에 없는 자연의 철학을 안다고는 할 수 없다. 인류는 고대부터 이런 사실의 파편들을 알고 있었다. 아리스토텔레스는 전체는 부분의 합 이상이란 말을 남겼다. 현 인류는 자연이 만든 분자보다 더 많은 분자를 알고 있고, 거대한 자연을 흉내 내어 어떠한 물질도 만들 수 있다. 하지만 생명과 자연은 분자 수준을 넘어 더 복잡하고 체계적이며 때론 엉성하기도 한 미지의 영역이어서 원자와 분자라는 재료를 안다고 해서 그 전체를 판단하거나 예측할 수 없다. 이 재료들이 세상을 만들 때는 다른 수많은 물질과 유기적 관계를 맺고, 그로부터 크고 작은 영향을 받으면서 전에는 없었던 특징을 나타내기 때문이다. 인류는 아직 이러한 특징을 완벽하게 밝혀내지 못했다. 생명의 근원이라 불리는 가장 간단한 물 분자조차 탐구할 영역이 남아 있다. 자연은 여전히 신비에 가려져 있고 인류는 그 세상을 탐구하며 살아간다. 인류가 살아가는 과정은 바로 그 신비를 알아가는 과정이기도 할 것이다.

27

발효의 비밀

술은 닭이 물 마시듯 조금씩만

발효에 대한 연구로 노벨화학상을 수상한 에두아르트 부흐너

한국에 방문한 외국인과 술자리를 하는 경우가 종종 있는데, 그때마다 소개하는 우리 술이 있습니다. 바로 막걸리입니다. 그들에게는 생소한 이름이지만 '쌀로 만든 와인'rice wine이라고 설명하면 금방 이해합니다. 쌀을 가지고 와인처럼 발효한 술이라는 것을 아는 거죠. 어느 날 발효주에 관심 있던 외국 친구가 두 술이 제조방식이 비슷한데 어째서 막걸리의 알코올 도수는 6~7도 정도로 낮은지 이유를 물었습니다. 원래 막걸리도 포도주 도수와 비슷합니다. 차이점이 있다면 포도주처럼 과당이 아니라 쌀을 재료로 한다는 것이죠. 술이 만들어지기 위해서는 당이 필요한데, 그러다 보니 누룩을 사용하고 전분으로 걸쭉해집니다. 술의 물성을 높여 마시기 좋게 하려

고 물을 타서 알코올 함유가 낮아진 거죠. 원래 발효주의 도수는 대략 12~14도가 한계점입니다. 발효는 자연이 만든 화학반응 과정입니다. 그 과정이 과학적이니 그 한계에도 분명 과학적인 이유가 있을 겁니다.

발효의 역사는 인류 문명의 흔적이 남아 있는 먼 과거까지 올라갑니다. 수천 년 전의 증거가 있고, 고대 신화에도 발효의 기록이 있습니다. 발효 과정에 수많은 과학자의 관심이 쏠린 것도 당연한 일이지요. 발효라는 용어를 떠올리면 제일 먼저 생각나는 과학자가 저온살균법을 개발한 루이 파스퇴르입니다. 발효가 미생물에 의해 이루어진다는 사실을 밝힌 그의 발견은 발효 과학에서 중요한 전환점이 되었습니다. 하지만 그도 발효 과정의 기본적인 흐름을 설명하지는 못했습니다. 파스퇴르를 떠올리면 우유나 발효한 요구르트가 생각나지만, 그의 연구는 먼저 당시의 프랑스 양조산업에 기여하게 됩니다. 시작부터 발효와 술은 떼려야 뗄 수가 없었던 셈이지요.

발효주가 만들어지는 과정

발효에 기여하는 미생물을 효모酵母라고 하는데 한자에서 보듯 밑술을 뜻합니다. 효모를 뜻하는 영어 이스트yeast는 '끓는다'는 의미가 있지요. 발효로 술을 만들 때 올라오는 거품이 마치 끓는 모습과 비슷해 붙여진 겁니다. 과학자들은 효모에서 어떤 일이 벌어지는지, 그리고 그 과정에 참여하는 특정 효소의 정체를 알고 싶어 했습니다. 효소만 찾아낼 수 있다면, 발효에 생명력이 필요하다고 여겼던 생기론을 종식시킬 수 있었으니까요.

결국 1897년 독일의 화학자 에두아르트 부흐너Eduard Buchner, 1860~1917가 효모에서 발효 효소를 추출합니다. 그는 설탕을 가지고 추출한 발효 효소만으로 탄수화물에서 이산화탄소와 알코올을 생성했지요. 결국 발효는 살아 있는 효모에서만 일어나는 것이 아니라 효모가 가진 특정 단백질 촉매인 효소에 의해 유발된다는 사실을 알게 됩니다. 부흐너는 그 발견으로 1907년 노벨화학상을 받게 됩니다.

이런 역사를 더듬어가다 보면 가까운 분이 한 명 떠오릅니다. 국립과천과학관장으로 있는 이정모 관장입니다. 그는 대학 입학 당시 꽃을 좋아해서 생화生花를 공부할 수 있는 학과를 선택했다고 합니다. 당시에는 흔하지 않은 학과였는데, 바로 생화학과였지요. 입학 후 자신이 선택한 전공이 꽃을 공부하는 게 아니라 생명화학Bio Chemistry을 공부하는 학과라는 것을 뒤늦게 알았다는 우스개를 들려줍니다. 물론 그는 이후 이 분야를 공부해 지금 과학계에서 왕성한 활동을 하십니다. 이 생화학 분야에서 발효는 특히 중요한 연구 주제입니다. 생화학이라는 분야 자체가 부흐너의 발효 과정 연구로부터 출발했다고 간주되기도 할 정도로, 발효 연구는 생물체의 동작을 물질의 화학반응에 기반해 연구하는 분야로 확대됩니다. 모든 발효물에 효소酵素, Enzyme 개념을 적용한 것도 이때부터니까요.

이제 발효주가 만들어지는 과정을 알아보는 것도 재미있을 겁니다. 포도주처럼 과당을 이용하지 않는 막걸리나 약주를 만드는 경우에는 쌀과 같은 전분을 사용합니다. 쌀을 익히고 누룩을 섞습니다. 바로 이 누룩이 효모인 셈이지요. 누룩에는 효모만 있는 것은 아닙니다. 고분자인 전분을 효모가 이용할 수 있는 저분자인 단당류나 이당류로 분해해야 합니다. 누룩 속 곰팡이는 알파 아밀라아제 효소로 전분을 잘게 잘라 포도당을 만듭니다. 포도주 경우에는 바로 단당류인 과당을 사용할 수 있어 이 과정을 건너뛸 수 있지요. 증류주도 이 과정을 피하지 못합니다. 코냑은 포도주를 증류한 것이고 위스키는 보리를 발효한 후에 증류한 것이라고 이해하면 틀리지 않습니다. 결국 발효의 출발은 당糖인 셈이죠.

단세포 미생물인 효모는 당이 준비된 후에 등장합니다. 생명체는 단세포든 인간처럼 복잡한 다세포 생물이든 연료를 태워 동작합니다. 그 연료가 ATPadenosine triphosphate(아데노신삼인산) 분자입니다. 미생물은 ATP 두 개에서 떼어낸 인산기를 포도당에 붙여 다른 물질을 만듭니다. 이 과정은 당을 분해한다고 해서 해당解糖이라고 하지요. 그리고 일련의 화학반응을 거쳐 포도당은 결국 '피루브산'이 됩니다. 이 과정에서 수소 양성자 두 개를 잃고 인산 네 개가 남게 되죠. 남은 인산은 다시 ATP를 만드는 데 사용됩니다. 결국 ATP 두 개를 사용해 당을 변화시키고 ATP 네 개를 만든 겁니다. 세포에게는 투자 대비 100퍼센트 이익인 셈이죠. 이런 이유로 미생물은 이 과정을 지속합니다. 막걸리와 달리 포도주를 만들 때는 효모를 따로 넣지 않습니다. 효모가 필요 없는 게 아니라 포도 껍질에 이미 효모가 있기 때문입니다. 포도주 제조 과정에서 포도를 껍질째 으깨 넣는 것이 바로 이 때문입니다. 물론 여기에는 포도 껍질에서 술의 색깔을 추출하려는 이유도 있지만, 적포도의 껍질을 빨리 제거하여 화이트 와인을 만드는 경우도 있는 것을 보면 색깔에 따른 와인 분류에도 과학적 과정이 숨어있다고 볼 수 있겠습니다.

이제 발효가 본격적으로 시작됩니다. 당 분해 과정 중에 떨어져 나간 수소 양성자가 여기에 다시 사용됩니다. 자연은 버리는 게 없습니다. 알뜰하게 모든 자원을 동원해 생명력을 이어가죠. 효모는 피루브산 분자를 이산화탄소와 아세트알데하이드(C_2H_4O)로 분해하고 여기에 수소 양성자($H+$) 두 개를 붙여 에탄올(C_2H_5OH)을 만듭니다. 이산화탄소는 공기 중으로 날아가고 결국 술이 남는 겁니다. 특히 막힌 병 안에서 발효가 일어나면 이산화탄소가 술에 녹아 들어가고, 그래서 병을 열면 일시에 낮아진 압력으로 뚜껑이 뻥 하고 튀어나오는 경우도 있습니다. 이게 바로 샴페인이고 이런 현상은 막걸리에서도 볼 수 있습니다. 효모는 빵을 만들 때도 사용됩니다. 빵을 구울 때 부풀어 오르는 건 발효에 의해 생성된 이산화탄소 때문이고 그와 함께 생성된 알코올은 열에 의해 날아가 버립니다. 이제 발효주의 알코올 도수가 최고 12~14도를 넘지 않는 이유를 확인해봅니다. 답은 의외로 간단합니다. 우리는 상처를 알코올로 소독을 합니다. 알코올이 미생물을 죽이는 효과가 있기 때문이죠. 알코올이 12~14도 정도의 농도가 되면 그 알코올을 만들어낸 효모가 거꾸로 알코올에 의해서 죽기 때문에 발효가 멈춥니다.

하지만 여기가 발효의 끝은 아닙니다. 발효는 알코올을 다시 아세트산으로 바꾸기도 합니다. 바로 초산醋酸입니다. 두 한자 모두에 술독을 뜻하는 '유'酉가 있고, 식초를 의미하는 '초'醋에 있는 '석'昔에는 날日이 지난다는 의미가 있습니다. 마치 문자로 화학반응식을 표현한 것 같습니다. 향기가 좋다는 의미인 이탈리아어 '발사미코'balsamico는 모데나 지방 포도 품종으로 만든 포도주를 긴 시간동안 목질이 다른 여러 나무통을 옮겨가며 발효해 만든 식초에 붙여진 이름입니다. 이렇게 발효는 시간이라는 재료도 필요로 하지요. 우리 몸에서도 같은 화학반응이 일어납니다. 술을 마신 몸은 알코올을 산화시켜 아세트알데하이드를 거쳐 초산을 만듭니다. 최종적으로 이산화탄소와 물로 산화시키죠. 식물이 물과 이산화탄소와 빛으로 포도당과 탄수화물을 만들어내고, 자연은 발효를 통해 여러 물질로 변화시킵니다. 인간은 이 과정에서 에너지를 얻고 즐거움과 행복을 느끼며 다시 원래 물질로 자연에 돌려놓는 거대한 화학 순환에 참여합니다. 이쯤 되면 우리 삶의 모든 것은 화학이 지배한다고 해도 과언이 아니지요.

술 권하는 사회

이렇듯 발효는 과학이고 자연만이 할 수 있는 위대한 일입니다. 그에 비해 증류는 다릅니다. 오직 인간만이 할 수 있는 방식이지요. 증류주는 원래 몽골이 기원입니다. 몽골이 아랍을 지배하던 시기에 아랍인들이 끓는점이 낮은 금속인 아연을 증류 방식으로 제련하는 것을 보고 힌트를 얻은 겁니다. 몽골 사람들이 마시던 마유주馬乳酒라는 낮은 도수의 발효주가 쉽게 변질됐기 때문에, 높은 도수의 술을 얻기 위해 증류 방식을 응용해 보관 기간을 늘린 겁니다. 이후 증류 방식은 몽골의 점령지를 중심으로 퍼져 나갔죠. 우리나라 안동소주도 고려 때 몽골이 안동에 도호부를 설치하면서 시작된 것이고, 코냑과 위스키도 유럽인이 몽골에게서 배운 결과물입니다.

물론 도수를 높이는 방법에는 증류 외에도 술을 동결시켜 알코올만 얻는 방법도 있고, 밑술을 더하거나 높은 도수에도 견디는 효모를 이용하는 방법 등 여러 가지가 있지요. 자연의 과정에 인간이 개입하면서 도수가 높아지고 고급화된 술은, 인간의 욕망과 맞물려 쾌락이나 타락의 장면에 빠지지 않고 등장합니다. 물론 인간의 삶과 사회적 활동에서 술을 배제하기는 어렵습니다. 술은 힘겨운 삶을 영위하는 사람들에게 고통을 잊게 해주는 선물이었고, 자연이 만든 최고의 음식 중 하나로 삶의 즐거움을 더해주는 긍정적 효과가 있습니다.

발효주가 매력적인 이유는 자연의 순환에 온전하게 참여하는 일원으로서 술을 느낄 수 있기 때문입니다. 인간의 삶이 자연의 순환궤도에서 벗어나지 않도록 자연의 위대한 섭리가 그 한계를 14도로 묶어둔 거죠. 포도주에 '신의 물방울'이라는 별명이 붙은 이유도 자연의 위대함을 빗댄 말일 겁니다.

우리나라의 음주 문화는 고려 이후에 지방 중심으로 전통주의 맥을 이어오다 일제강점기에 초토화됐습니다. 그러다 보니 현재 주세법조차 엉망이지요. 최근 양조장이 늘어나고 있고 우리 전통술이 속속 등장합니다. 그런데 여전히 정리되지 않은 부분이 많습니다. 술에 관한 용어 정의부터 혼란스럽죠. 현 주세법에 따르면 술에 들어가는 쌀의 1퍼센트 미만으로 누룩을 사용해야 청주라고 부를 수 있습니다. 같은 쌀로 빚어 발효했지만 그 기준을 지키지 못한 술은 약주에 속합니다. 그러니까 막걸리 같은 경우는 약주에 속합니다. 그런데 과거 주조 기록에는 술을 빚어 술지게미를 거른 후 발효하는 과정에서 위에 맑게 뜬 술을 청주라고 불렀습니다. 반면 약주는 한약재를 섞어 약의 효능을 낸 술을 의미했죠. 약주와 청주라는 용어조차 헷갈리는 것도 일본과 얽힌 사연 때문입니다. 사실 1퍼센트 미만의 누룩을 가지고는 술을 만들기가 매우 어렵습니다. 이 1퍼센트라는 기준은 일본 정종의 기준입니다. 그러니까 이 기준을 잣대로 삼으면 우리나라 전통주는 청주라고 부를 수가 없는 거죠. 우리 조상들이 수백 년 동안 써왔던 주조 방식으로 만든 청주는 지금 약주로 불리게 된 겁니다.

일제 강점기에 빼앗긴 건 전통주만이 아닙니다. 1921년 『개벽』지에 발표된 현진건의 「술 권하는 사회」라는 소설이 떠오릅니다. 일제의 탄압 밑에서 많은 애국적 지성들이 어쩌지 못하는 절망으로 술을 벗 삼고 주정꾼으로 전락하는 모습을 그린 소설이지만, 사실 이 모든 책임은 따로 있음을 말하지요. 책에는 이런 말이 나옵니다. "되지 못한 명예 싸움, 쓸데없는 지위 다툼질, 내가 옳으니 네가 그

르니, 내 권리가 많으니 네 권리가 적으니… 밤낮으로 서로 찢고 뜯고 하지, 그러니 무슨 일이 되겠소." 그러면서 작가는 이 모든 원인을 술에 빗대어 암시합니다. 술이 문제가 아니라 어디까지나 책임은 '술 권하는 사회'에 있다고 말하죠. 소설이 나온 지 100년 가까이 흘러도 별반 달라 보이지 않는 모습입니다. 나라를 잃고 하루하루 살아가기 힘든 시절에 술은 그렇게 시대의 위로가 되었습니다.

그런데 술은 또 다른 모습을 가지고 있기도 합니다. 과음과 그에 따른 중독은 각종 사고와 범죄, 그리고 질병의 원인이 되기도 하죠. 마치 술 권하는 사회처럼 술은 책임을 전가하는 수단으로 사용되기도 합니다. 음주로 인한 심신 미약을 근거로 피의자에게 유리하게 적용되는 '주취 감형'이 그런 사례 중 하나입니다. 술은 이런 사회적 문제도 가지고 있지만 근원적 문제는 술 그 자체가 아니라 늘 지나침에 있습니다.

한자인 술 주酒에는 물 수水 변에 닭 유酉 자가 들어 있습니다. 닭이 물을 마시듯 조금씩 즐기라는 의미로 해석되기도 합니다. 하지만 잘못된 속설이죠. '유'酉가 십이지 가운데 닭을 뜻하기 때문에 그런 속설이 생겼지만, 앞서도 말했듯이 실제로 이 문자는 고대문자인 갑골문과 금문에서 밀봉한 술독의 형상으로 표현됩니다. 술독을 보관할 때는 변질되지 않도록 밀봉해야 한다는 뜻을 가지고 지금의 문자로 발전했지요. 문자에도 과학이 있었습니다. 술 권하는 사회 현상이 바람직한 건 아니지만 지금은 틀린 속설을 따라도 좋을 것 같습니다. 자연이 준 선물로 친한 벗들과 함께 닭이 물을 마시듯 즐기며 작은 위안을 받고 가는 정도라면, 그런 술은 권해도 되지 않을까 싶기 때문입니다.

28

비타민C의 임무

돼지껍데기에 숨은 과학

비타민C를 발견한 헝가리 생화학자 센트죄르지 얼베르트

“얘들아! 이거 많이 먹으래. 콜라겐이 풍부해서 피부에도 엄청 좋다더라.”

우리나라 사람들이 즐겨 먹는 대표적 외식 메뉴로는 삼겹살을 첫 손가락으로 꼽을 수 있을 겁니다. 최근에는 삼겹살 외에도 즐겨 찾는 또 하나의 부위가 등장했는데, 바로 ‘돼지껍데기’입니다. ‘껍데기’는 어패류처럼 겉을 감싸는 단단한 물질을 이르는 말이므로 ‘껍질’이 옳은 표현이지만, 이미 돼지껍데기는 고유명으로 굳어졌죠. 한때 중년 남성의 전용 술안주였던 이 음식은 이제 남녀노소를 불문하고 건강식으로 주목받고 있습니다. 특히 콜라겐이 풍부하다는 이유로 여성들이 일부러 챙겨 먹는 음식이 되었습니다. 피부에 좋으니 많이 먹으라는 말은 옳을까요? 콜라겐이 몸에 필요한 것은 맞지만, 그것을 입으로 섭취할 수 있는지는 의문입니다.

콜라겐 유행은 식당의 돼지껍데기 메뉴에서만 볼 수 있는 것이 아닙니다. 팩과 같은 미용 제품은 물론 식품과 건강보조제에서도 흔히 확인할 수 있습니다. 콜라겐이 세포와 조직을 단단하게 해서 피부를 탄력 있게 만든다는 사실은 잘 알려져 있습니다. 그 기능이 피부 탄력을 돕는 데만 있다면 이 물질이 다소 부족해도 큰 문제가 없어 보이기는 합니다. 하지만 콜라겐은 우리가 아는 것 이상으로 인체에 중요한 물질입니다.

콜라겐의 과학

실제로 피부의 진피는 70퍼센트가 콜라겐이고, 그 외에도 눈의 수정체와 혈관은 대부분 콜라겐이며, 관절을 연결하는 연골의 50퍼센트도 콜라겐입니다. 뼈의 주성분은 칼슘과 인이라고 알려져 있지만, 사실 단단한 뼈는 중량 기준으로 20퍼센트가 콜라겐입니다. 뼈는 빼곡하게 들어찬 콜라겐 틀에 칼슘과 인산이 채워져 있는 셈이죠. 인체는 단단한 경골 뼈에 칼슘과 인을 보관하고 수시로 꺼내 생명 활동에 사용하는 겁니다. 그런데 콜라겐 틀에 칼슘이나 인회석 대신 물이 들어 있으면 뼈는 연골이 되는 겁니다. 마치 건축물처럼 식물 세포벽은 셀룰로스로, 동물은 콜라겐이 중력을 버티게 하는 겁니다. 우리 몸의 단백질 중 무려 30퍼센트 가량이 콜라겐이라면 이해가 될 겁니다. 그리고 콜라겐은 고대 이집트 때부터 접착제로 사용할 만큼 붙이는 기능이 탁월해 '세포 간 시멘트'라는 별명이 있습니다. 세포는 물론 조직과 인체 기관을 붙이는 역할을 하는 것이죠. 콜라겐이 모자라면 결합조직에 문제가 생기고 미생물이나 감기와 같은 감염성 질환에 취약해질 수 있습니다.

우리 몸이 외부 물질을 흡수하는 경로는 위와 장 같은 소화기관이나 호흡기, 그리고 피부입니다. 이 경로에 있는 세포들을 통해 물질을 흡수하는 거죠. 그런데 콜라겐 분자는 세포가 흡수에 사용하는 통로보다 그 크기가 큽니다. 그러니까 우리 몸은 어떤 경로로든 콜라겐을 분자 상태로 온전히 흡수할 수가 없다는 말이 됩니다. 그렇다면 콜라겐은 어떻게 흡수될 수 있을까요? 화학적으로 콜라겐 분자는 거대한 섬유 단백질입니다. 음식을 통해 몸으로 들어온 콜라겐 단백질은 소화기관을 통과하며 아미노산으로 분해된 후에야 흡수됩니다. 그리고 우리 몸은 분해된 아미노산을 다시 조합해서 필요한 콜라겐을 합성합니다. 결국 콜라겐을 만드는 재료는 콜라겐만이 아닌 셈이죠. 중요한 사실은 콜라겐 재료인 아미노산이나 촉매 혹은 효소가 몸에 충분히 있어야 한다는 겁니다. 그렇다면 바르는 콜라겐은 어떨까요? 단백질을 분해할 수 있는 효소가 존재하지 않는 피부를 통해 커다란 콜라겐 분자가 피부세포로 바로 들어오는 것은 불가능에 가깝다는 것을 알 수 있습니다.

판매되는 콜라겐 제품을 보면 달톤Da이라는 단위가 나옵니다. 이 달톤Dalton은 콜라겐 분자량을 표현하는 질량 단위를 말합니다.

원래 달톤은 원자나 분자, 소립자와 같은 작은 입자 영역에서 사용되는 질량 단위이지만, 분자가 커지면 그 질량도 늘어나니 분자의 크기를 가늠하는 데는 무리가 없지요. 예를 들어 아미노산 분자 하나는 100Da가량 됩니다. 그런데 콜라겐 기본 분자 하나는 대략 30만 Da가량 되지요. 심지어 저분자 콜라겐이라는 제품도 분자량이 수천 Da이 됩니다. 그런데 우리 몸의 세포는 아미노산 3개 정도인 300Da 이하부터 흡수가 가능합니다. 그러니까 거대한 콜라겐 분자는 분해효소에 의해 아미노산 크기로 작게 분해가 되어야 흡수가 가능한 겁니다. 인체는 이렇게 콜라겐으로부터 분해된 아미노산과, 다른 물질로부터 만들어진 아미노산을 재료로 써서 몸에 필요한 콜라겐을 다시 만듭니다.

그렇다면 또 하나의 의문이 생깁니다. 과연 우리 몸은 이런 여러 아미노산이 어디서 왔는지 식별할 수 있을까요? 콜라겐을 만드는 재료인 아미노산은 돼지껍데기만이 아니라 다른 단백질이나 탄수화물을 통해서도 충분히 공급될 수 있습니다. 음식을 영양소별로 골고루 섭취해서 콜라겐을 만드는 아미노산과 물질대사 재료를 충분히 몸에 공급하는 것이 더 좋다는 말이지요. 물론 콜라겐 제품이 단백질 덩어리이니 먹지 않는 것보다는 낫겠지만 꼭 콜라겐 제품만 콜라겐과 관련 있는 것은 아니라는 사실을 기억해야 합니다. 혹시 콜라겐 제품이 눈앞에 있다면 이제 그 효능을 한번쯤은 의심해볼 만하지 않을까요?

비타민C의 과학

비타민C 부족으로 인한 초기 증상은 사람들 대부분이 잘 알고 있습니다. 잇몸에서 피가 자주 나고 손톱 위 피부가 벗겨지기도 하며 면역력 저하로 감기에 잘 걸리기도 하죠. 이런 증상은 피부세포와 혈관조직이 약해지고 면역기능이 떨어져서 생기는 겁니다. 사실 이런 증상의 직접적 원인을 비타민C 부족에 돌리기보다는 콜라겐 부족이라고 해야 할 겁니다. 쉽게 말해 콜라겐 부족으로 세포가 무너진 것이니까요. 그런데 콜라겐 단백질에는 또 다른 비밀이 숨겨져 있습니다. 콜라겐은 기본적으로 글리신, 라이신, 프롤린이라는 세 가지 아미노산 재료로 구성됩니다. 이 재료는 단백질이나 탄수화물 등을 섭취해 세포 안에서 만들어집니다. 그런데 콜라겐은 바로 만들어지지 않습니다. 아미노산의 특정 위치가 변신을 해야 합니다. 예를 들면 라이신의 특정 부분이 수소와 산소로 치환되고 하이드록실라이신으로 바뀌는데, 이렇게 변신한 아미노산들이 수소결합으로 뭉치면서 단단한 콜라겐 구조체가 만들어지는 겁니다. 이 변신 과정에서 비타민이 깊숙하게 관여합니다. 레티놀이란 이름의 비타민A도 관여하지만, 특히 비타민C가 이 과정을 담당합니다. 그러니까 비타민C가 없으면 우리 몸은 콜라겐을 제대로 만들 수 없다는 얘기가 됩니다.

물론 다른 재료의 부족도 이유가 될 수도 있겠지만, 현대인들에게 단백질이나 탄수화물과 같은 영양소는 이미 충분해서 아미노산 생성이나 효소 합성에 크게 문제가 되지 않습니다. 다만 우리 몸은 비타민C를 합성할 수가 없어서 따로 외부에서 공급받아야 합니다.

이쯤에서 이해가 되지 않는 것이 있습니다. 인류가 이렇게 중요한 물질을 스스로 합성하지 못하고 지금까지 진화했다는 것이 말이 안 되는 것 같습니다. 하지만 처음부터 그런 건 아닙니다. 진화학자들은 영장류가 진화 중에 식물과 과일을 섭취하기 시작한 어느 단계부터 비타민C를 합성하는 능력을 잃었다고 봅니다. 또 다른 주장은 비타민C 합성에 필요한 포도당의 상실입니다. 포도당은 뇌 에너지의 원천이기도 합니다. 뇌가 커지면서 포도당을 뇌에 양보했다고 합니다. 상실의 원인이 뭐가 됐든 결과적으로 인간은 비타민C를 외부로부터 섭취해야 합니다.

인류가 이 사실을 알게 된 건 18세기입니다. 당시 영국 함대는 2천 명의 선원을 태우고 영토 확장을 위한 세계 일주를 했고 선원 중 절반 이상이 괴혈병으로 사망하는 사건이 생깁니다. 해군력으로 확장을 꾀하던 나라에게 괴혈병 치료나 예방법을 찾는 일은 무척 중요했지요. 여러 실험을 통해 레몬이나 라임 주스가 효과가 있다는 걸 알았지만 효력을 발생시키는 원인은 밝혀지지 않았습니다. 당시 실험은 근대 통계의학의 시초라 할 정도로 많았지만, 그런 효력을 가진 물질이 있다는 것 외에는 알지 못했지요.

이 숙제는 20세기 초에 풀립니다. 1920년 말 헝가리 생화학자 센트죄르지 얼베르트Szent-Györgyi Albert, 1893~1986가 식물의 즙으로부터 헥수론산hexuronic acid이라는 화합물을 분리했고 괴혈병에 효과가 있다는 것을 알아냅니다. 그는 탄수화물 구조를 연구하던 영국의 화학자 노먼 하워스Norman Haworth를 찾아갔고, 구조를 분석한 결과 헥수론산이 당에서 추출한 산과 화학적으로 유사한 성질을 가지고 있다는 것을 발견합니다. 하워스는 비타민C의 구조를 밝혔고 헥수론산의 이름을 아스코르브산으로 바꿨지요. 아스코르브산은 비타민C의 화학명입니다. 그는 1933년에 탄수화물로부터 비타민C를 합성해냅니다. 그 후 핵심 합성기술을 개발한 폴란드 화학자 라이히슈타인의 공정 특허를 사들인 호프만 라 로슈Hoffman-La Roche라는 기업이 합성비타민C를 판매하기 시작합니다. 인류에게 손쉽게 비타민C를 공급한 기여로 1937년에 얼베르트는 노벨생리학상을 받고, 노먼 하워스는 노벨화학상을 받게 됩니다. 영국이 비타민C의 대표적인 공급 국가로 자리 잡은 이유입니다.

천연은 좋고 합성은 나쁘다?

그러면 비타민C를 꼭 챙겨 먹어야 할까요? 사실 현대인의 먹거리에서 비타민C를 찾기는 어렵지 않습니다. 하지만 식단에 가공식품이나 인스턴트가 많다면 보충을 하는 것이 좋습니다. 그런데 비타민C가 필요하다고 하니 이제 '천연'과 '합성'에 대한 오해와 섭취 용량에 대한 의견이 분분합니다. 합성비타민은 마치 화학물질 취급을 받고 심지어 합성비타민C가 포함된 음료에서 벤젠이 나오면서 오해와 공포가 깊어집니다.

사실 비타민C의 구조와 생성과정은 무척 간단합니다. 추출 방식과 원료의 차이만 있을 뿐 천연과 합성의 차이는 없습니다. 게다가 비타민C를 흡수한 인체는 천연과 합성을 구별조차 못 합니다. 소비자들을 케모포비아(화학공포증)에 빠뜨렸던 비타민 음료 한 병에 들어 있는 벤젠의 양은 바나나를 먹어도 섭취되는 양이지요. 이쯤 되면 우리가 얼마나 천연과 합성의 함정에 빠져 있는지 알 수 있습니다. 전문가들이 권하는 섭취 용량도 제각각입니다. 물론 지용성 비타민과 달리 수용성인 비타민C의 경우 일정량 이상 섭취하면 나머지는 몸에서 배출됩니다. 하지만 우리 몸이 하루 권장량을 정확히 채우고 나머지를 그냥 버리는 것은 아닙니다. 과유불급이란 말이 괜히 있는 것이 아닙니다. 무엇이든 많아지면 부작용이 생기게 마련입니다. 상처에 흉터가 잘 생기는 것도 콜라겐의 과잉 합성이고, 간이나 폐의 섬유화 같은 질환도 콜라겐 과잉으로 인해 증상이 심해지기도 합니다. 여기에 분명 비타민C도 기여를 했을 겁니다.

어쩌면 우리는 중요한 사실을 유치원 다닐 나이에 모두 배웠을 겁니다. 음식을 편식하지 말고 적당량을 골고루 섭취하라는 것이지요. 우리 주변은 과학으로 변장한 지식이 지뢰처럼 널려 있습니다. 건강에 관심이 커진 현대인에게 유혹은 깊게 파고듭니다. 나이가 들어가며 정작 어릴 때 배운 중요한 진실을 잊고 있죠. 어느덧 집 안에는 콜라겐 같은 건강보조 제품이 쌓여갑니다. 먹거리가 넘쳐 좀처럼 영양 부족을 찾기 어려운 현대인에게 이런 제품이 꼭 필요할까요? 혹시 우리는 또 다른 방식의 편식과 과식을 하고 있는 것은 아닐까요? 세상이 과학으로 유혹한다면 우리도 과학으로 세상에 대응해야 합니다. 과학적 사고는 과학으로 설명된 사실을 무작정 공부하고 흡수하는 게 아니라, 끊임없이 의심하고 질문하며 세상을 이해하는 과정입니다.

29

마가린의 과학

버터가 되고 싶은 마가린

마가린을 만든 화학자이자 발명가 이폴리트 메주 무리에

음식의 맛은 혀로 느끼지만 우리의 뇌는 그 맛을 느낀 시공간이나 향과 함께 모든 정보를 조각내어 어딘가에 저장해놓습니다. 그리고 시간이 지나 비슷한 단편적 정보를 맞닥뜨리면 그 파편을 다시 꺼내 조립하고 당시 느꼈던 향과 맛을 되살려내지요. 그 도화선이 시각이든 후각이든 미각이든 감각은 전기적 신호로 뉴런 세포를 거쳐 마치 거대한 컴퓨터가 연산을 하듯 저장된 정보를 꺼내 조합합니다. 물론 재생된 결과는 시간이 흐르는 동안 우리가 경험했던 또 다른 정보와 논리가 더해지면서 과거의 실제와 전혀 다를 수도 있고 왜곡될 수도 있습니다. 하지만 우리는 이를 자신만이 간직한 가장 신뢰할 만한 저장 장치로 여기고, 이 과정을 '기억'이라고 부르죠. 어느 날 마트에서 장을 보다가 유제품이 가득한 매대 앞에서 발을 멈추었고, 유독 눈에 들어온 제품 때문에 오래된 기억을 꺼내게 됐습니다.

"맛이 어쩐가 모르겄다! 또작또작 만나게 비볐응께, 싸게 묵고 언능 핵교 가야제!"

어린 시절 잠이 깨지 않은 상태에서 할머니 손길에 억지로 이끌려 아침 밥상에 앉으며 들었던 말입니다. 매일 아침 할머니는 갓 지은 뜨거운 밥에 마가린을 올리고 노란 덩어리가 힘없이 녹아내리면 그 위에 날달걀을 떨어뜨려 간장과 함께 비벼주셨죠. 자다 일어나 혀는 깔깔했어도 고소한 마가린 비빔밥 위에 김치를 얹어 먹으면 세상 부러울 것 없는 맛에 밥 한 공기를 뚝딱 비웠던 기억이 납니다.

우리가 느끼는 미각에는 기본적인 맛이 있습니다. 단맛, 짠맛, 쓴맛, 신맛, 그리고 감칠맛입니다. 그리고 맵거나 고소하거나 떫거나 아린 보조적 맛이 있고, 나머지 것들은 맛이라고 착각하는 향입니다. 이런 여러 맛 가운데 어릴 적 먹었던 마가린 비빔밥은 사람들이 선호하는 맛의 집합체일 겁니다. 쌀밥은 탄수화물의 단맛이 나고, 달걀은 단백질의 감칠맛이 있습니다. 간장은 소금의 짠맛과 핵산의 감칠맛이며, 비빔밥의 주된 맛인 고소함은 마가린의 지방 때문입니다. 맛이 없을 수 없는 조합이죠. 기억은 그 시절의 맛과 향, 그리고 할머니에 대한 추억까지 꼼꼼하게 저장하고 있습니다.

마트의 유제품 판매대에는 저의 소중한 추억이 여러 종류의 버터와 치즈에 밀려 구석에 있더군요. 언제부터인가 사람들은 마가린이 동물성 지방인 버터보다 건강에 좋지 않다는 것을 상식으로 여겼고, 그래서 값싸고 맛 좋은 마가린보다 비싼 버터를 선호합니다. 식품회사도 마가린이란 이름을 감추려고 식물성 버터라는 새 옷을 입혔습니다. 건강 정보는 매체를 타고 사람들에게 급격히 퍼집니다. 과학을 모르는 제 어머니도 소고기는 포화지방이고 불포화지방인 돼지나 오리고기가 더 건강에 좋다고 알고 있으며, 아이를 키우는 엄마들은 마가린이나 튀김에 사용하는 쇼트닝이 몸에 좋지 않은 트랜스지방이 많다고 알고 있습니다. 포화saturated나 불포화unsaturated, 트랜스trans 같은 용어는 사실 화학에서 분자 구조를 설명하는 과학 언어입니다. 그런데 이런 말들이 의미도 모르는 채 일상에 깊게 들어와 있죠. 과연 포화지방과 트랜스지방은 악이고 불포화지방은 선일까요? 이제 그 오해와 진실을 살펴보겠습니다.

지방(산)의 다양한 모양들

포화와 불포화라는 단어는 무엇엔가 꽉 차 있거나 그렇지 않다는 뜻인데, 화학에서는 탄화수소 분자의 구조를 구별하기 위해 쓰는 용어입니다. 지방이라는 물질은 그것을 이루는 기본 분자의 대부분이 탄소가 연결된 사슬에 수소가 붙은 탄화수소인데, 수소 원자가 가득 차 있는 것과 그렇지 않은 것의 구별을 위해 이런 표현을 씁니다. 정확하게는 지방이 아니라 지방 분자 안에 있는 지방산에 이 용어를 붙여야 맞습니다. 그러니까 포화지방산, 불포화지방산이 맞지요.

실제 지방은 어떤 모양일까요? 나이가 40대 이상이라면 예전에 집에서 연료로 썼던 프로판 가스를 기억할 겁니다. 프로판은 세 개의 탄소가 사슬처럼 연결된 구조에 수소가 결합한 탄화수소 화합물입니다. 이 프로판이 변형된 분자가 글리세롤인데, 모든 지방의 모양은 이 글리세롤에 지방산 세 가닥이 붙어 있는 형태입니다. 그래서 지방은 마치 발이 세 개가 달린 해파리가 엉켜 있는 덩어리이고, 이런 구조 때문에 미끈거립니다. 해파리 다리에 해당하는 지방산이 탄화수소 화합물이라고 했습니다. 탄소가 가득한 지방산은 자동차를 움직이는 연료나 양초를 태울 수 있는 파라핀처럼 에너지로 사용하는 물질입니다. 실제로도 과거에는 동물과 식물의 지방을 모아 등불로 사용했으니까요. 인간의 몸도 이 지방을 섭취해 에너지를 얻습니다.

그런데 이 지방산의 모습이 조금씩 다릅니다. 탄소끼리 단일 결합으로 긴 사슬을 이루면 탄소 주변으로 수소가 두 개씩 결합할 수가 있는데, 이 모습은 마치 다리가 여럿 달린 곤충인 지네와 같은 모습이지요. 수소가 꽉 차 있다고 해서 포화지방산으로 부릅니다. 그러면 불포화는 지네 다리가 부족하다는 것일까요? 맞습니다. 수소가 덜 붙어 있습니다. 탄소의 긴 사슬 사이 일부가 탄소끼리 이중결합으로 연결된 부분이 있으면 그만큼 수소가 결합할 자리가 없게 됩니다. 긴 사슬 중간 중간에 수소가 부족해집니다. 그렇다면 이것이 어떤 성질이 있기에 '좋다'고 할까요? 수소가 모자라면 좋은 것일까요?

지방산의 모양은 수소가 포화된 경우에는 결합한 원자 간의 전기적 힘으로 균형을 이루고 분자 전체가 곧게 뻗은 모양이 됩니다. 하지만 불포화된 경우에는 수소가 부족한 부분의 전자기력 때문에 분자 모양이 꺾이거나 약간 휘어집니다. 그리고 지방산의 길이도 종류마다 다릅니다. 이 분자 모양으로 지방의 운명이 갈리게 됩니다. 불포화지방산에는 완전히 꺾인 모양의 시스sis 구조와, 이중결합 부분의 탄소 뭉치 부분이 약간 뒤틀렸지만 전체적으로는 포화지방과 비슷한 기다란 모양을 유지하는 트랜스trans 구조가 있습니다. 간단히 말해 트랜스지방과 포화지방은 모양과 구조가 유사한 셈이죠.

이제 상상력을 동원해봅니다. 곧게 뻗은 나뭇가지와 줄기가 꺾어진 나뭇가지가 있습니다. 두 종류의 나뭇가지를 쌓는 겁니다. 어떤 종류의 나뭇가지가 잘 쌓일까요? 트랜스지방이나 포화지방은 반듯한 모양이라 지방 분자들끼리 비교적 잘 겹치는 구조입니다. 그러니까 잘 뭉칩니다. 뭉친 지방은 단단합니다. 거꾸로 불포화지방은 상대적으로 단단하지 않거나 뭉치기 어렵지요. 이런 지방은 낮은 온도에도 쉽게 풀어집니다. 따뜻한 밥 위에서 마가린이 녹아내리는 모습은 이런 성질 때문이죠. 심지어 대부분 불포화지방산으로 이루어진 식물성 기름은 액체처럼 존재하지요. 그런데 포화지방은 단단한 편이라 따로 분리하기 위한 에너지가 더 필요해서 상대적으로 불포화지방보다 녹는 온도가 높습니다.

이 부분이 오해의 시작입니다. 물질의 상태에 따라 포화와 불포화의 기준을 나누고 있기 때문이죠. 일부 식물성 지방은 실온에서도 굳습니다. 거꾸로 동물성 지방도 액체로 존재하는 경우가 있죠. 대체로 포화지방산이 잘 굳는 건 사실입니다. 포화지방산과 비슷한 트랜스지방은 불포화지방임에도 실온에서 고체이기 때문에 사람들은 체내에서 여러 가지 장애 요인을 유발할 가능성을 갖추고 있다고 생각합니다. 그렇다면 불포화지방산이 많은 시스 구조의 식물성 지방이 좋은 지방처럼 보입니다. 하지만 불포화지방산의 함량이 높은 지방은 흡수도 어렵고 탄소의 이중결합 부분이 산소와 만나 산패하기 쉽습니다. 모든 물질은 장점과 단점이란 양날의 검을 가지고 있는 겁니다.

마가린이 정말로 문제일까?

그렇다면 마가린의 정체는 무엇일까요? 마가린은 원래 불포화지방산이 많은 식물성 기름입니다. 불포화지방산은 산패하기 쉽습니다. 마가린이 오래도록 상하지 않는 이유는 불포화지방산의 비율을 강제로 줄여서 포화지방산의 비율을 높인 고체 물질이기 때문입니다. 그러니까 모자란 수소를 강제로 채운 것이죠. 이 과정을 수소화hydrogenation라고 하는데, 불포화지방산의 탄소 사슬을 이루는 이중결합을 끊고, 그 자리에다 수소 원자를 첨가반응으로 넣은 것이지요. 이렇게 만든 마가린은 목적이 분명합니다. 마가린을 만들던 때는 지금처럼 냉장고가 있는 시절이 아니었기에 지방을 오래 보관해도 상하지 않게 하기 위해서입니다. 지방은 인류가 탄수화물 다음으로 쉽게 에너지로 이용할 수 있는 재료입니다.

프랑스의 나폴레옹 3세는 전쟁터에서 지방을 장기간 보관해서 식량으로 쓸 수 있는 아이디어를 공모했고, 화학자 이폴리트 메주 무리에Hippolyte Mège-Mouriès, 1817~1880가 불포화지방에 수소를 첨가해서 단단하게 만드는 데 성공합니다. 마가린은 이렇게 탄생한 겁니다.

물론 당시의 제품은 지금과 매우 다릅니다. 당시에는 원료로 주로 동물 비계를 사용하다가 식물성 기름과 혼합한 것을 이용했고, 지금은 각종 식물성 기름을 주로 이용합니다. 트랜스지방산은 마가린의 수소화 과정 중에 생깁니다. 시스 구조가 트랜스 구조로 바뀌는 경우가 발생하는 것이지요. 어떤 화학반응에서든 원하는 생성물을 100퍼센트 만들기란 불가능합니다. 이 말은 포화지방산 물질이라고 해도 불포화지방산이 비빔밥처럼 섞여 있다는 것이죠. 단지 그 비율이 높다는 것이 정확한 표현입니다. 그런데 비율마저 두 물질을 선악으로 가르기에는 뚜렷하지 않습니다. 중성지방은 여러 지방산이 혼합되어 있습니다. 논란의 중심이던 돼지와 소기름의 포화지방산 함유 비율은 각각 41%와 52%이고, 나머지도 불포화지방인 올레산과 리놀레산, 리놀레인산이 다른 비율을 차지합니다. 결국 두 물질은 포화지방산 비율에서 약 10% 정도 차이이고, 소기름은 전체 비율의 절반에서 2% 더 많은 포화지방산을 가져갔다고 해서 선과 악의 운명이 갈린 셈이죠. 우리가 알고 있는 식품용 각종 기름, 예를 들면 올리브유, 카놀라유, 옥수수나 콩기름, 버터 등도 이 세 가지 불포화지방산과 포화지방산의 혼합 비율에 따라 결정됩니다.

지방의 물성은 포화냐 불포화냐라는 이분법으로 나눌 수 있을 만큼 간단하지 않습니다. 지방산의 길이와 포화도의 비율과 모양에 따라 성질이 다양하기 때문입니다. 액체는 좋고 고체는 나쁘고, 포화 여부에 따라 해롭거나 해롭지 않다는 주장도 근거가 약합니다. 포화지방은 흡수가 어렵고 혈관벽에 쌓여 각종 심혈관 질환의 원인이라 하지만, 이런 일은 몸에서 쉽게 일어나지 않습니다. 모든 지방은 쓸개즙의 유화작용으로 액화된 후에 소화되고, 혈관에서도 리포단백질이라는 운반체가 지방이 혈관에 달라붙는 것을 방해합니다. 몸에 좋다는 식물성 지방은 인체에서 합성되지 않는 몇 가지 필수지방산의 함량이 다소 높다는 사실 이외에는 동물성 지방과 특별한 차이가 없습니다. 포화지방이 나빴다면 인류는 진화 과정에서 제거를 했겠지요. 아직도 모유에는 포화지방이 30% 이상 들어 있습니다. 돌이켜 보면 포화지방이 나쁘다는 속설은 1953년 미국 미네소타 대학의 안셀 키즈 교수가 심장병과의 관계를 주장한 가설에서 시작됐습니다. 포화지방의 녹는점이 높아서 혈액 속에서 고체로 부유하다가 혈관벽에 붙어 동맥경화를 야기한다는 주장이었죠. 이후 많은 학자들이 이 가설에 반대했지만 이 주장은 의료계의 힘을 얻어 정설로 자리 잡았습니다. 사실 포화지방산의 존재는 동식물의 세포막 구성에 중요한 역할을 합니다. 결국 우리 몸도 섭취하는 지방의 종류와 관계없이 체내 지방산의 조성 비율에 맞게 합성량을 조절하죠.

이제 다시 트랜스지방과 포화지방이 정말 나쁜 것인지 고민을 해야 합니다. 최근 연구에서도 포화지방이 심장 관련 질환을 일으킨다는 증거가 불충분하고, 불포화지방을 주로 섭취한다고 해서 심장 관련 질병에 걸릴 확률이 떨어진다는 근거가 없다고 했습니다. 물론 이 연구 결과로 포화지방을 더 많이 섭취해도 상관없다고 받아들이는 것은 곤란합니다. 건강에 안 좋다는 것과 그렇지 않다는 것도 아직은 더 많은 연구가 되어야 알 수 있기 때문입니다. 중요한 것은 지방을 먹는다고 몸에서 지방이 되는 것이 아니라, 지방은 에너지원이며 지방은 오히려 탄수화물을 통해 몸에서 잘 만들 수 있다는 사실을 기억하는 것입니다. 특정 지방의 선악 평가로 섭취를 제한하거나 허용할지의 여부를 다루는 것은 그다지 합리적 접근이 아닙니다.

풍요로움을 누리는 현대인들은 먹거리를 놓고도 무엇을 선택할지 고민합니다. 천연과 가공, 가염과 저염, 기능성 혹은 저지방 버터와 마가린이 눈앞에 펼쳐져 있습니다. 먹을 것이 너무 많아 오히려 걱정과 병이 생깁니다. 나폴레옹 3세가 보면 현대인의 음식 사치가 도를 넘어섰다고 혀를 찰 것 같습니다. 우리나라는 식품 검사기준이 까다로워서 마트에 진열된 제품이면 대부분 안심하고 먹어도 됩니다. 중요한 것은 종류가 아니라 제품에 적혀 있는 용법과 그 양을 지키는 것입니다. 지방이 범인이라 의심되는 각종 성인병은 대부분 특정 종류를 많이 먹어서 생긴 경우가 더 많습니다. 어릴 적 할머니는 과학을 모르셨지만 마가린 비빔밥은 맛뿐만 아니라 탄수화물과 지방, 단백질, 그리고 핵산과 유산균 같은 영양소가 균형을 갖춘 건강식이었다는 건 본능적으로 알고 계셨던 것 같습니다.

30

물의 화학식

물, 물로 보지 마라!

전자레인지를 발명한 퍼시 스펜서

칠순을 바라보시는 어머니께서 요즘 스마트폰에 푹 빠지셨습니다. 시력이 예전과 같지 않다면서도 작은 화면을 만지며 행여 자식들이 몸과 마음을 다치지 않게 각종 생활 정보를 문자로 보내십니다. 아니 정확히 말하면 정보를 전달한다고 해야겠군요. 어머니에게는 반백을 바라보는 자식이 그저 아이로만 느껴지나 봅니다. 어느 날 '전자레인지를 쓰면 안 되는 이유 10가지'라는 제목으로 출처가 불분명한 글이 오더군요. 전자레인지로 데운 물은 식물을 죽게 하고, 전자레인지로 익힌 음식은 단백질은 물론 각종 미네랄과 비타민 등의 영양소가 변형돼서 뇌 기능을 파괴하고 호르몬 분비를 정지시키는 해로운 물질이 된다는 겁니다. 결국 각종 암을 유발한다는 무서운 내용이었죠. 나이 드신 어머니께서 놀랄 만도 했습니다. 인터넷이 등장하며 정보를 접할 기회가 쉬워지고 그 빈도도 늘어났지만, 동시에 사실과 다른 정보도 많아서 그 진위를 판단하는 사용자의 역할이 중요해졌습니다. 과연 문자로 온 정보는 사실일까요?

우리 주변에서 물은 흔하게 볼 수 있는 물질입니다. 너무 흔하고 간단한 물질이어서 당연히 잘 알고 있다고 생각하지요. 하지만 우리는 물에 대해서조차 제대로 알고 있지 못한 경우가 많습니다. 생명체가 살아가고 생명을 유지하는 데 필수적인 물이 중요한 물질임은 알고 있지요. 시쳇말로 과학을 알지 못한다는 '과알못'도 물 분자의 화학식은 알고 있습니다. 바로 H_2O입니다. 수소 원자 두 개와 산소 원자 하나로 이루어진 물질입니다. 화학식마저 간단해서인지 우리는 물에 대해 아주 잘 알고 있다고 생각합니다. 하지만 이 작은 분자가 만들어낸 물은 상상할 수 없이 복잡하며, 놀랍게도 물의 운동 전체가 완전히 밝혀지지도 않았습니다. 그러다 보니 물에 대한 갖가지 정보로 사람들을 현혹할 빈틈이 많이 있습니다.

물이라는 기묘한 물질

물은 다른 화학물질과 비교해 상대적으로 넓은 범위의 온도에서 액체 상태로 존재합니다. 물은 0도 아래로 내려가 얼면 고체가 되고 100도 이상에서 끓으면 기체로 변하죠. 하지만 자연에서 대부분의 물질은 이렇게 큰 온도 범위에서 물처럼 액체 상태로 존재하기가 쉽지 않습니다. 특히 이 정도로 작은 크기를 가진 분자는 가벼워서 기체로 존재하는 경우가 대부분입니다. 그러면 물 분자는 얼마나 작을까요?

예를 들면 2리터 생수병에는 약 66,000,000,000,000,000,000,000,000개(6.6×10^{25}개)의 물 분자가 들어 있습니다. 우주에 있는 별의 개수보다 몇 배나 많습니다. 이렇게 작은 공간에 아무리 분자가 많아도 크기가 작은 분자들은 가벼워서 사방으로 흩어지게 마련입니다. 작은 분자는 가벼워서 아무리 많이 모여 있어도 대부분 기체로 존재하지요. 물 분자보다 큰 이산화탄소 분자나 산소 분자가 일반적인 압력에서 기체로 존재하는 이유입니다.

이런 기체 분자를 큰 압력으로 욱여넣으면 액체로 존재할 수도 있습니다. 그런데 왜 물은 일상적인 온도와 압력에서도 평온한 액체로 존재할까요? 게다가 물은 무려 섭씨온도로 100도의 구간까지도 액체의 형태를 유지합니다. 물론 어는점과 끓는점에 가까운 액체의 물은 다른 움직임을 보입니다. 실제로 어는점에 가까울수록 물 분자의 움직임은 둔해집니다. 반대로 끓는점에 가까울수록 물 분자의 움직임이 활발해지며 액체 전체가 요동을 칩니다. 하지만 고체나 기체로의 상변이가 완전히 일어나지 않는 한, 물은 액체 상태를 유지합니다. 분명 물 분자 사이에 무언가 있다는 거죠.

물 분자는 특이한 모양을 가집니다. 이 특이한 물 분자 모양은 물이 액체로 존재하는 데 결정적인 이유가 됩니다. 산소 원자에 결합된 두 수소 원자는 산소를 중심으로 약 104.5도의 각도를 유지합니다. 그러니까 물 분자의 분자 모형은 마치 두 귀가 달린 곰 인형 얼굴처럼 보입니다. 이런 모양이 만들어진 이유는 산소와 수소 원자의 전자 때문입니다. 두 원소의 전자 수는 다릅니다. 두 원자가 전자를 공유하며 결합을 하는데, 여기에 영향을 미치는 것이 원자핵이지요. 산소의 원자핵이 수소의 원자핵보다 무겁습니다. 당연히 양성자 수가 많으니 무거울 수밖에요. 전자쌍을 공유하면 공평해질 것 같지만 산소의 핵이 공유 전자쌍을 더 끌어당깁니다. 가진 자가 더 가지려고 하는 인간의 모습과 닮은 구석이 있습니다.

수소 원자 입장에서는 억울하지만 그래도 전자쌍을 공유하는 게 더 안정적이니 산소와 결합을 합니다만, 사실 거의 산소에 전자를 빼앗긴 것이나 다름없습니다. 전자를 더 많이 가진 산소와 전자를 잃어버린 셈이 된 수소가 결합한 물 분자의 공간에는 부분적으로 극성이 생깁니다. 마치 자석처럼 물 분자의 산소 원자 부분은 많아진 전자로 인해 전기적으로 음성(-)을 띠고 수소 원자 쪽은 양성(+)을 띠게 됩니다. 이런 이유로 좁은 공간에서 물 분자의 산소 원자와 다른 물 분자의 수소 원자가 서로 이끌려 붙어 있게 됩니다. 서로 다른 전기적 성질을 띠는 것끼리 인력이 작용하기 때문이죠. 이것을 '수소결합'이라고 합니다. 이 결합은 다른 분자결합에 비해 약합니다. 마치 우리가 포스트잇을 벽에 붙였다 떼는 것과 비슷해 쉽게 떨어지기도 합니다. 이렇게 많은 수의 물 분자가 서로 뭉쳐 액체 상태를 이룹니다.

그런데 액체 상태에서 물 분자가 서로 붙어서 가만히 있는 것이 아닙니다. 물 분자는 서로 붙었다가 떨어지기를 반복합니다. 순간적으로 육각 고리를 만드는데, 그 횟수는 상상을 초월합니다. 1,000억 분의 1초 단위로 고리를 생성하고 분리하죠. 그리고 물 분자는 서로 결합하며 빠르게 회전을 합니다. 1초에 24억 5천만 번을 회전하죠. 물 분자 몇 개가 엄청난 횟수로 붙었다 떼어지며 회전을 한다고 머릿속으로 상상하는 건 쉽지 않습니다. 하지만 이 모습이 바로 우리가 마시는 물을 설명하는 최선입니다. 사실 물 분자는 회전운동 말고도 다른 여러 종류의 진동운동을 하지만, 지금 말하려는 논지와 관련이 없어 생략하겠습니다.

전자레인지와 물

1945년 미국의 무전기 회사에서 공학자이자 발명가인 퍼시 스펜서 Percy Spencer, 1894~1970에게 특별한 일이 우연히 벌어집니다. 이 회사는 레이더 장비에 필수 부품인 마그네트론이라는 부품을 제조하는 곳입니다. 마그네트론은 마이크로파 신호를 생성하는 진공관입니다. 어느 날 마그네트론이 동작 중이던 실험실에 들어갔던 퍼시가 주머니에 넣어둔 초콜릿이 녹아버린 것을 발견한 겁니다. 특별히 온도가 높지 않은 실험실에서 이런 현상이 반복되자 워낙 호기심이 많고 근면했던 퍼시는 이 현상을 지나치지 않았죠. 분명 마이크로파와 관련이 있을 것이라는 의문을 가지고 이 전자기파로 여러 가지 실험을 합니다. 옥수수가 팝콘이 되고 달걀이 익었습니다. 범인은 마이크로파였고 결국 마그네트론으로 음식조리기 형태를 만들어 그 이름을 '레이더 레인지'로 붙였습니다. 이 조리기계는 무겁고 크기도 컸지만 비싼 장비여서 가정보다는 주로 식당에서 사용했습니다. 처음 설치한 곳도 보스턴의 한 레스토랑이었죠. 지금의 전자레인지와 비슷한 소형 제품이 본격적으로 퍼진 건 1970년 이후입니다. 전자레인지의 정식 이름이 마이크로웨이브 오븐microwave oven인 이유입니다.

마이크로파는 어떻게 음식물을 조리할 수 있었을까요? 마이크로파는 파동을 가진 전자기파의 일종으로 진동수를 알 수 있습니다. 마이크로파의 진동수는 1~300GHz(기가헤르츠)입니다. 전자기 파동이 1초에 10억 번 이상 진동하는 거죠. 이것을 레이더에 사용하는 것처럼, 우리가 사용하는 휴대전화나 무선전화기도 이 영역의 전자기파를 사용합니다. 그런데 이 범위 안에서 정확하게 2.45GHz 진동수를 가진 전자기파를 사용한 것이 전자레인지입니다. 1초에 24억 5천만 번 진동하는 전자기파입니다. 이 숫자가 왠지 익숙합니다. 앞서 언급한 물 분자의 회전수와 같지요.

그러니까 전자레인지의 원리는 간단합니다. 물 분자는 짧은 시간 동안 몇 개의 물 분자가 붙어서 회전을 합니다. 그런데 이 마이크로파의 전기장과 자기장이 회전하는 물 분자 덩어리의 회전에 영향을 주어 더 빨리 회전을 시키거나 정상적 회전을 방해하며 결합된 물 분자를 분리합니다. 떨어져 나간 물 분자는 더욱 활발하게 운동을 하고 많아진 입자는 서로 충돌을 합니다. 이 충돌로 많은 열에너지가 방출되는 거죠. 이때 열에너지로 음식물을 데우는 겁니다. 이 진동수는 다른 물질에는 영향을 주지 않습니다. 심지어 같은 물 분자가 고체 상태로 결합한 얼음에도 영향을 주지 않습니다. 얼음에 있는 물 분자의 회전 진동은 액체 상태와 다르기 때문입니다. 마찬가지로 음식물 안에 있는 단백질과 지방, 탄수화물과 같은 거대한 분자에게는 영향을 주지 않습니다. 진동수가 맞지 않기 때문입니다. 음식물을 이루는 각종 물질의 분자들 사이에는 적은 양의 수분이 존재합니다. 바로 물 분자입니다. 그러니까 물 분자가 전혀 없는 물질은 전자레인지에 넣고 돌려도 뜨거워지지 않습니다.

과거에 육각수가 건강에 좋다며 비싼 가격에 판매가 됐습니다. 액체인 물은 수소결합을 합니다. 온도가 내려가면 물 분자는 6각형 고리나 5각형 고리 혹은 사슬구조를 가집니다. 겨울에 하늘에서 내리는 눈은 구조가 독특합니다. 눈은 같은 성분의 물 분자로 이뤄졌지만, 결정 모양이 모두 다르고 무척 아름답습니다. 하지만 자세히 보면 규칙적인 육각 구조를 가집니다. 결국 수소결합을 하며 인력에 의해 규칙적인 구조로 배열이 되며 확산되기 때문입니다. 위에서 말한 수소 원자의 104.5도라는 각도 때문입니다. 따라서 육각수는 냉장고에 넣어둔 차가운 물과 별반 다르지 않습니다.

또한 최근에는 수소수라는 물이 인터넷에서 비싼 가격으로 판매가 됩니다. 수소가 활성산소의 유해성을 제거한다고 합니다. 하지만 수소는 활성산소의 환원과 직접적 관계가 없습니다. 그리고 수소수에 수소가 이온화되어 들어 있는 양조차도 무의미한 정도입니다.

사실 맹물에도 어느 정도 수소가 이온화 돼있습니다. 설령 수소가 많아도 문제입니다. 화학에서 수소를 많이 발생하는 강산물질이라고 하기 때문이죠. 게다가 우리 몸은 수소수를 마시지 않아도 풍부한 수소이온을 함유한 체액을 분비합니다. 수소수에 긍정적 효과가 있다는 증거라며 여러 과학 논문을 내놓고 있지만 대부분은 판매자와 관련이 있는 기관의 논문입니다.

이렇게 순식간에 존재했다가 사라지는 물 분자 덩어리가 모인 액체인 물은 다양한 조건과 상이한 형태에서 전혀 다른 행동을 보여줍니다. 너무도 신비한 존재이기 때문일까요? 사람들은 물이 중요함을 알기 때문에 끊임없이 속고 속이고 있습니다. 우주의 나이와 그 시작을 알고 원소의 기원을 알아냈고 원자의 모습과 그 안에 존재하는 입자까지도 밝혀낸 시대에 살고 있음에도, 조선 후기의 풍자화된 인물인 봉이 김선달에게 대동강 물을 당시 황소 60마리를 살 수 있는 거금을 주고 샀던 한양상인 허풍선의 모습을 자주 보게 됩니다. 요즘은 과학이 유행이다 보니 과학을 앞세운 유사과학과 괴담이 생겨납니다. 아는 만큼 보이는 시대이지요. 과학적 사고가 중요합니다. 갑자기 어머니 스마트폰에 오늘은 또 어떤 괴담들이 들어 있는지 궁금해졌습니다. 어머니 스마트폰을 확인한다는 핑계로 찾아 봬야겠습니다.

31

미생물의 선물

축복인가, 판도라의 상자인가

크리스퍼 유전자가위 개발의 주역 제니퍼 다우드나 교수

"가족 모두 명문대를 나오셨군요. 집안 대대로 머리가 좋은가 봅니다."

"저희도 부모님부터 저까지 명문대를 나온 집안입니다."

"결혼하면 자녀는 바로 가질 예정인데 아이들은 큰 문제없겠네요."

서울 강남의 P호텔은 커다란 창으로 들어오는 자연광과 실내조명으로 첫인상을 좋게 보이게 한다는 소문이 있습니다. 그래서인지 유난히 맞선을 보는 사람들이 자주 찾는 장소입니다. 그래서 위와 같은 대화를 쉽게 들을 수 있으며, 이것은 실제로 들었던 내용을 옮겨 적은 겁니다. 낯선 상대에게 호감을 주기 위해 서로 장점을 보여주려는 것은 사회적 관계에서 이해할 만한 일입니다. 그런데 결혼

적령기를 맞은 이성 간에는 일이 조금 더 복잡해집니다. 사회적 성취만 강조하는 데 그치지 않습니다. 자연이 내린 위대한 임무를 수행해야 하기 때문이지요. 바로 번식입니다. 멋진 표현으로 말하자면 유전물질을 안전하게 자손에게 전달하는 것이죠. '안전하다'는 말에는 위험을 피한다는 의미도 있지만, 가급적 우수한 형질의 유전자 조합을 찾아서 부모보다 나은 생명체를 탄생시킨다는 의미도 포함됩니다.

그래서 다소 듣기 민망하고 씁쓸한 내용의 대화에도 고개가 끄떡여집니다. 대부분의 사람은 자녀가 자신보다 더 나은 삶을 살도록 생물학적으로도 우수한 특징을 가지기를 바랍니다. 유전체를 정확히 알지 못해도 부모의 우수한 형질을 자손에게 전달하고 싶어 하죠. 맞선 대화를 나누며 머릿속으로는 본인과 상대의 조건을 바탕으로 자녀가 생물학적으로 안전할 확률을 계산합니다. 멘델의 유전 법칙이나 유전자 염기 서열 등을 공부해서가 아니라 본능이기 때문이죠. 하지만 좋은 두뇌가 유전적으로 대물림되는지는 아직 확실치 않습니다. 생식이란 결국 유전자가 비빔밥처럼 섞이는 것이고 명문대 출신이라는 사회적 형질이 후대에 재현된다는 보장도 없습니다. 오히려 사회적 형질은 후천적 양육의 과정이 큰 영향을 끼친다고 합니다.

하지만 그리 머지않은 미래에는 이런 대화가 오고 갈 것 같습니다. "유전적 질병 유전자는 모두 골라 제거하고 정상 유전자로 치료했습니다." 대체 이게 무슨 말일까요? 유전자 치료는 언뜻 알겠는

데, 질병을 골라 제거를 했다고요? 얼마 전까지만 해도 인간 유전자 지도를 가까스로 만들었는데 이제 수술을 하듯 유전자를 마음대로 고친다는 겁니다. 영화에나 나올 법한 이런 얘기가 가까운 미래라니 이게 정말 가능하긴 한 걸까요?

완두콩에서 유전자가위까지

생명의 기원을 탐구해온 인류는 생명공학 분야에서 진화라는 자연적 과정에 대해서까지 통제를 가능하게 만들고 있습니다. 생명체는 자기증식을 해야 합니다. 증식 과정에서 복제를 하며 변이와 진화가 일어나는 것이지요. 어떠한 이유에서든 변이는 순간이겠지만 진화는 변이된 유전자가 적응하고 또는 환경에 의해 선택되며 긴 시간에 걸쳐 진행됩니다. 현재 인류는 이런 오랜 과정을 거쳐 지금의 모습으로 있게 된 겁니다. 그리고 인류가 아닌 모든 생명체, 그러니까 우리가 열등하다고 생각하는 존재조차 같은 길을 걸어왔습니다. 아직도 현재진행형인 생명체는 인류에게 그 모습을 전부 보여주지 않았습니다. 인류는 생명의 해답을 풀기 위해 지식을 늘리고 대를 이어 연구했죠. 그런데 이 과학사에 주연 못지않은 조연이 등장합니다. 주인공은 과학자도 아니고 엉뚱하게도 지구상의 가장 작은 생명체인 미생물입니다.

1865년에 멘델이 완두콩을 이용한 실험에서 유전의 원리를 처음 밝혀내고 유전체 개념을 제시한 사실은 유명합니다. 유전학을 떠올리면 멘델이 생각날 정도니까요. 가설로 존재하던 유전자는 여러 과학자의 실험을 통해 그 존재가 드러납니다. 그들의 연구 대상으로 보자면 멘델은 완두콩을, 토머스 헌트 모건은 초파리를, 오즈월드 에이버리는 세균을 연구 대상으로 삼았습니다. 실험 대상의 크기가 점점 작아지는데, 사실 크기는 크게 문제가 안 됩니다. 유전 현상을 보려면 부모를 통해 증식한 자식을 들여다봐야 하는데 그 마디가 바로 세대입니다. 완두콩은 한 세대가 나오는 데 1년이 걸리기에 유전을 연구하기에는 오랜 시간이 걸립니다. 그런데 초파리는 2주마다, 세균은 몇 시간만 지나도 한 세대가 지납니다. 결국 연구는 크기가 작고 번식주기가 짧은 생명체를 연구하는 방향으로 발전한 셈이죠. 이제 세균보다 더 작은 생명체가 나올 차례입니다. 바로 바이러스입니다. 세균보다 훨씬 작으면서 유전물질로 가득 차 있습니다. 물론 바이러스는 생명체라는 기준에 적합하진 않습니다. 생명체는 스스로 번식을 하고 대사 활동을 해야 하는데, 바이러스는 스스로 이런 행동을 하지 못하기 때문입니다. 하지만 바이러스가 생명 연구에 힌트를 준 것은 사실입니다. 바이러스 덕분에 유전자의 본체가 DNA라는 사실이 밝혀졌기 때문이죠. 1952년에 과학자 허시와 체이스는 '박테리오파지'라는 바이러스를 통해 DNA가 자기 복제물을 만든다는 사실을 확인합니다. 이렇게 DNA는 작은 미생물에 의해 그 정체가 밝혀집니다.

유전자의 정체와 기능이 알려진 후에 과학자들의 관심은 유전자 변이로 옮겨갑니다. 변이는 진화의 재료입니다. 변이를 발생시키는 원인이 몇 가지 있지만 대표적인 답은 저절로 생긴다는 겁니다. 생명체는 다양성 확보를 위해 자연의 방식을 따르는데, DNA를 복제하다가 10억 개마다 1개씩 실수를 합니다. 물론 컴퓨터처럼 에러를 만들지 않는 기계가 아니니 실수가 있겠지만 이 정도면 엄청난 정확도를 가진 겁니다. 만약 사람이 300페이지 정도의 책을 필사한다고 하면 약 5천 권의 책을 베끼다가 한 글자를 틀리는 수준이지요. 하지만 이 실수를 막을 수도 없고 막아서도 안 됩니다. 유전자가 변이를 통해 다양성을 확보하지 못하고 모두가 똑같아진다면 특정 질병에 의해 종이 멸절할 가능성이 있기 때문입니다. 그 대표적 사례가 바나나입니다. 현재 우리가 즐겨 먹는 캐번디시종 바나나는 유전자 다양성을 가지지 못해 곰팡이로 인한 멸절이 예고된 대표적인 유전자 단일 식물종입니다. 과거에 그로 미셸이라는 종도 있었으나 다국적 기업에 의해 품종의 형질 개선으로 단일 종으로 재배됐기 때문이죠.

변이가 꺼려지는 이유는 바로 유전 질환을 만들기 때문입니다. 만일 인간 생식세포의 유전자 30억 개 가운데 인간 유전자에서 변이가 일어나고, 그 변이가 하필 혈액응고 유전자에서 발생한다면 혈우병에 걸리고 병도 대물림됩니다. 대부분의 난치성 질병은 유전이 원인이 된 경우가 많습니다. 맞선 장소에서 민망한 대화가 오고 가는 것도 이해가 됩니다. 그렇다면 유전자를 고쳐서 유전적 질병을 고칠 수도 있지 않을까요? 여기에 주목한 과학자들이 치료 효과가 기대되는 유전자를 환자에게 전달해 유전자를 치료합니다. 원래 있던 게 아니라 다른 유전자를 넣는 거죠. 그런데 이런 치료가 가끔 암세포를 깨워 의도하지 않은 부작용이 생기기도 합니다. 그렇다면 문제되는 유전자 염기 서열의 일부만 바꿀 수는 없을까요? 만약 이런 방법이 있다면 가장 이상적인 치료가 될 겁니다. 유전자 전체를 교체하면 문제가 생기니까 아예 잘못된 부분만 바꿔서 고치자는 겁니다. 하지만 이런 방법은 더 어려워 보입니다. 유전자 염기 서열을 원하는 대로 바꿀 수 있는 기술은 말처럼 쉽지 않습니다. 그런데 해결책이 나타난 겁니다.

이 아이디어도 미생물에서 얻었습니다. 이들이 DNA의 존재를 알려주더니 결국 인류를 구원하는 영웅처럼 또다시 등장합니다. 세균의 천적은 바이러스입니다. 바이러스는 자체적으로 증식을 하지 못하고 세균에 침투해 수백 개의 자식을 복제하고 숙주 세포를 터뜨리며 번식합니다. 세균도 세포의 한 종류니까요. 그런데 세균이 당하고만 있지는 않습니다. 세균은 침입한 바이러스의 DNA를 조각내어 자기 유전자에 기억합니다. 이후에 자신을 죽이려는 바이러스가 들어오면 기억한 바이러스 DNA를 잘라내 번식하지 못하도록 합니다.

이런 발상에서 나온 것이 바로 '유전자가위'와 '유전자 교정'입니다. 유전자가위는 DNA를 끊어주는 인공효소를 세포 안에 넣어 특정 유전자를 절단한다는 겁니다. 이렇게 일부 유전자를 끊고 교체하는 방법이 질병 치료에 도움이 됩니다. 지금 유전자 교정은 유전질환이나 혈액암, 또는 감염성 질환의 치료법으로 연구 개발되고 있습니다. 현재 과학계에서 혁명이라고 불리는 크리스퍼CRISPR 유전자가위가 그런 혁신적인 도구입니다. 크리스퍼란 '주기적으로 간격을 띠고 분포하는 짧은 회문구조 반복서열'Clustered Regularly Interspaced Short Palindromic Repeats의 약자로, 유전자의 특정 서열을 '인식'해서 자르거나 편집할 수 있는 기술을 말합니다. 2012년 크리스퍼 유전자가위 관련 아이디어를 특허로 처음 출원한 과학자는 미국 캘리포니아 대학 버클리 캠퍼스의 제니퍼 다우드나Jennifer Doudna, 1964~ 교수와, 그와 공동으로 연구한 프랑스 출신의 에마뉘엘 샤르팡티에 Emmanuelle Charpentier, 1968~ 박사입니다. 그리고 우리나라 전 서울대 교수 김진수 교수의 회사인 툴젠이라는 기업이 이들이 출원한 후 몇 개월 후에 출원을 했죠. 또 같은 해 말 하버드 대학과 MIT가 공동으로 설립한 브로드연구소의 장 펑 박사가 크리스퍼 유전자가위 기술 관련 특허를 출원했습니다. 같은 해 동시다발적으로 출원한 것은 우연이 아닙니다. 크리스퍼 유전자가위는 그 전부터 생명과학 분야에서 다뤄져 왔고 많은 연구팀이 증명을 위해 연구해온 분야이죠. 그래서 지금까지도 최초의 발견자 분쟁이 지속되고 있습니다. 이 공로 분쟁은 2020년 노벨화학상을 다우드나와 샤르팡티에가 수상하며 일단락됐습니다.

축복인가, 판도라의 상자인가

중국은 연간 8억 마리의 돼지를 도축합니다. 지방보다 단백질을 선호하는 중국인들 기호에 맞춰 유전자가위를 사용해 스스로 과도하게 근육이 발달하는 것을 제한하는 생식세포 유전자를 교정해 이 기능을 제거했습니다. 우람한 근육을 가진 슈퍼돼지가 탄생한 거죠. 이제 동물뿐 아니라 사람을 대상으로 실험이 옮아갑니다. HIV(인체면역결핍바이러스) 수용체를 대상으로 한 실험에서 높은 효율로 유전자를 잘라냈습니다. 언젠가는 인류가 에이즈에서 완전히 해방되는 순간이 오겠지요.

사실 성인이 된 사람들의 질병을 유전자 치료법에 의해 고치는 것은 쉽지 않습니다. 수십억 개나 되는 분화세포 유전자를 한꺼번에 수선할 방법이 없기 때문입니다. 하지만 혈액암 치료의 경우에는 혈액 속을 떠돌아다니는 세포를 꺼내 유전자 교정 후 키워서 다시 넣는 방법으로 가능할 겁니다. 우선적으로 유전자가위를 쓸 수 있겠지요. 나머지 세포들은 줄기세포를 이용해서 다시 집어넣어주는 방법이 있을 겁니다. 실패할 가능성이 높지만 사람들이 이 치료에 줄기세포를 떠올리는 이유이지요.

생명공학 기술이 발전함에 따라 인류는 질병으로부터 자유로워지고 있습니다. 이 과정에서 미생물이 알려준 진실은 분명 인류에게 축복입니다. 인간 배아를 대상으로 하면 돌연변이 자체를 교정할 수 있습니다. 유전 질환을 영구적, 비가역적으로 고칠 수 있다는 거죠. 우월한 유전자가 이기적으로 대물림이 되고 모든 사람이 우월한 유전자를 동경하며 완벽한 인류의 모습으로 서로 닮아가는 미래가 가능한 겁니다. 지금까지 인류는 아주 느린 속도로 변이를 통해 자연선택을 하며 진화했습니다. 그런데 이제는 자연선택이 아니라 인간선택이 가능한 상황이 된 겁니다. 이제 다른 종에게도 영향을 줄 수 있겠죠. 여름만 되면 나타나는 지긋지긋한 해충인 모기도 사라지게 할 수 있습니다. 실제 영국에서 모기를 박멸할 수 있는 실험을 실험실 안에서 수행했다고 합니다. 또 중국의 한 연구진도 수정란이 조작된 모기를 생태계에 풀어 모기의 개체수를 급격히 낮추는 실험을 진행했다고 합니다.

하지만 모기를 멸종시키는 일은 근시안적으로 인간에게 유리할 수 있지만 멀리 내다보면 심각한 문제를 야기할 수도 있습니다. 실제로 인간에게 해로운 모기는 10여 종에 지나지 않습니다. 만약 모기 개체가 사라진다면 먹이사슬을 따라 모기를 먹이로 하던 상위 포식자에게도 영향을 줄 겁니다. 언젠가 생태계가 무너지겠죠. 이런 혁명과 같은 과학적 발견이 마냥 좋아 보이지 않는 이유입니다. 어느 미래의 맞선 자리에서 나오게 될 유전자 교정에 관한 대화는, 마치 바나나처럼 다양성을 잃은 인류가 미처 알지 못한 질병으로 멸절할 수도 있는 위험성을 무시하며 생태계에 이기적인 기작이 될지도 모릅니다. 그리고 만약 이것이 인류를 질병으로부터 벗어나게 해주는 혜택이라면, 오늘날 의료혜택 사각지대가 존재하는 것처럼 이 혜택도 시장의 자본 논리에 의해 움직일 겁니다. 세상은 더 공정하거나 공평해지지 않을 겁니다. 만일 비용 등을 이유로 특정 계층만 그 혜택을 누린다면, 사회적 차별을 넘어 생물학적 차별까지 벌어지는 셈이죠.

미생물에 의해 배운 생존 방식 하나가 인류에게 축복일지, 아니면 인류가 열지 말아야 할 판도라의 상자를 연 것인지는 지금 우리에게 던져진 고민이자 숙제입니다. 어쩌면 인류가 알아야 할 또 다른 해답도 미생물에게서 얻게 될지도 모르겠습니다. 어쩌면 답은 복잡하지 않고 미생물처럼 단순함에서 나올 수도 있기 때문입니다.

32

기후변화의 과학

북극곰과 남극펭귄이 만나면 인류는 사라진다

유체이동에 관한 방정식을 만든
클로드 루이 나비에(왼쪽)와 조지 스토크스(오른쪽)

2020년은 힘겨운 한 해였습니다. 유난히 길던 장마가 코로나19 팬데믹 상황에서 간신히 삶을 버텨내고 있는 이들로부터 터전마저 앗아갔습니다. 바이러스와 이상기후는 우리 사회의 가장 취약한 부분을 무너뜨렸죠. 하지만 자연은 불필요한 것을 만들지 않고 이유 없이 짓궂게 작동하지도 않습니다.

기상학에서는 적도 부근 동태평양의 평균 해수면 온도가 섭씨 0.5도 이하로 내려가면 '라니냐' 현상이 나타났다고 정의합니다. 거꾸로 온도가 올라가는 현상이 '엘니뇨'입니다. 코로나19가 세계를 휩쓸기 시작한 지난 4월부터 동태평양의 수온이 심상치 않았죠. 평년보다 낮아져 라니냐 현상이 감지된 겁니다. 태평양을 중심으로 서쪽 지역의 폭염과 집중호우가 여름 날씨에 영향을 줄 것이라고 예견됐습니다. 우리가 바이러스로 정신이 없을 때 자연은 이미 선전포고를 하고 다가왔던 겁니다. 영향은 우리나라에만 미친 게 아니었죠. 시베리아는 38도의 고온으로 끓었고, 중국은 최악의 홍수로 몸살을 앓았습니다.

당시 라니냐 현상을 감지한 기상청은 올 여름 최악의 무더위를 예상했습니다. 그런데 무더위는 없었고 대신 최장 기간의 장마와 최악의 폭우가 찾아왔죠. 기상청은 뭇매를 맞고 '오보청'이라는 불명예까지 얻었습니다. 최근 인공지능 도입으로 일기 예보의 정밀도를 높인다지만 사실 정확한 날씨 예측은 쉽지 않습니다. 날씨 예측에 동원되는 요소가 있습니다. 바람과 대기층 입자 그리고 수증기인 구름 같은 요소입니다. 지형과 바다의 특성도 있습니다. 대부분 액체와 기체처럼 유동적인 존재들입니다. 과학에서는 이렇게 흐르는 존재, 그러니까 유체의 특성과 움직임에 대해 연구하는 학문을 유체역학이라고 합니다.

나비에-스토크스 방정식

유체역학은 까다로운 학문 가운데 하나입니다. 움직이는 많은 요인이 서로 영향을 주며 각자의 운동을 간섭합니다. 그래서 유체의 움직임을 예측하는 것은 꽤나 어렵습니다. '나비효과'와 '카오스'라는 용어를 들어보셨을 겁니다. 미국의 기상학자 에드워드 로렌츠는 브라질에 있는 나비의 날갯짓이 미국 텍사스 주에 토네이도를 일으킬 수 있다고 주장했습니다. 프랑스의 수학자 앙리 푸앵카레는 변화를 일으키는 요소가 세 개 이상인 물체 사이의 중력과 관련된 삼체 문제three-body problem에 대해 설명했습니다. 훗날 혼돈 상황인 카오스 문제를 예견한 것이죠. 이처럼 유체역학은 난해한 학문입니다.

인류는 이런 유체의 흐름을 발생시키는 원인에 대해 탐구했습니다. 이윽고 스위스의 수학자 야코프 베르누이와 레온하르트 오일러에 의해 그 원인이 압력 차이에 있다는 사실을 알게 됐습니다. 그런데 1822년 프랑스의 공학자 클로드 루이 나비에Claude-Louis Navier, 1785~1836가 유체의 밀도, 다시 말해 점성이라는 요인이 같은 압력 조건에서 유체를 다르게 움직이게 한다고 주장했죠. 점성 없는 유체에 대한 방정식인 오일러 방정식에 밀도와 점성의 관계를 포함시켜 새로운 방정식으로 탄생시켰습니다. 하지만 수학적 설명이 부족했죠. 당시 학자들은 유체의 기본적인 물리적 성질에 관해 관심을 갖기 시작했습니다. 그러나 천재적인 나비에는 직관으로 그 결과를 활용할 가능성도 인식했습니다.

결국 이것을 설명해주는 물리 방정식은 30여 년이 지난 다음 아일랜드 수학자이자 물리학자인 조지 스토크스 경Sir George Stokes, 1819~1903에 의해서 수학적으로 도출됐습니다. 점성까지 고려한 유체의 이동 방정식에 두 사람의 이름을 따 '나비에-스토크스 방정식'이라는 이름이 붙게 됐죠. 물체의 움직임에 대해 기술한 뉴턴의 운동 방정식처럼 이 방정식으로 유체의 흐름을 설명할 수 있게 됐습니다.

2000년 미국 매사추세츠 주 케임브리지 소재 클레이수학재단에서 밀레니엄 7대 난제를 발표했습니다. 문제당 100만 달러(약 12억 원)의 상금이 걸렸죠. 그중 하나인 나비에-스토크스 방정식은 등장한 지 약 200년이나 지난 오늘날에도 3차원상에서 등호를 만족하는 답이 있는지가 증명되지 않고 있습니다. 하지만 과학의 위대함은 이런 데서 나타납니다. 삼체 이상에서 일어나는 힘의 관계를 모두 풀지는 못해도 많은 대상이 서로 영향을 주는 경우 그 대상 집단으로 인해 일어나는 변화는 파악할 수 있죠.

우리는 이 방정식의 형태로 유체가 어떻게 흐르는지 모의실험을 할 수 있습니다. 그래서 비행기를 띄우고 자동차를 빠르게 달리도록 만들며 태풍의 진로와 기상을 예측하는 겁니다. 그런데 이 방정식의 해는 알 수 없으니 근사해로 방정식을 성립시켜야 하죠. 결국 기상예보의 경우 여기에 적당한 수치 모델을 적용하는데, 이 수치 모델조차 완벽하지 않습니다. 그리고 기상예측에 입력하는 관측 데이터도 '불연속'이라는 성질을 가진 게 문제입니다. 실제 세상의 날씨는 연속적이기 때문이죠. 결국 예측의 오류는 불가피합니다. 기상청에 쏟아진 곱지 않은 시선들은, 난제의 답도 못 푼다며 뭇매를 가한 격이었습니다. 누군가를 탓하기 전에 더 근원적인 잘못과 원인부터 알아야 합니다.

북극곰과 남극펭귄은 서로 만나지 말고 각자 잘 살아야 한다

대한민국 사람이라면 '뽀로로'를 잘 알고 있을 겁니다. 아이들에게는 '뽀통령'이라는 이름으로 거의 우상과도 같은 애니메이션 캐릭터입니다. 뽀로로는 펭귄이고 그의 친구 중에는 '포비'라는 북극곰이 있습니다. 뽀로로와 포비는 서로 잘 지내는데 현실에서 이게 가능한 일일까요?

요즘 북극곰이라는 말만 들어도 애처롭습니다. 기후변화로 서식지인 해빙을 잃어 오도 가도 못하는 북극곰은 이제 지구온난화의 대표적 아이콘이 됐습니다. 상황은 남극도 마찬가지입니다. 빙산과 빙하의 소실로 남극 생명체의 터전이 상실되고 있습니다. 해수면 상승은 인류 문명을 위협하는 큰 문제입니다. 그런데 더 큰 문제가 있습니다.

바다와 대기 모두 지구 에너지 순환에 큰 역할을 합니다. 특히 남극과 북극 사이에는 지구를 70퍼센트나 덮고 있는 바다가 있습니다. 태양으로부터 지구에 공급된 에너지는 바다의 해류를 통해 지구 전체에 골고루 퍼집니다. 그런 바다에는 3.5퍼센트의 염분이 녹아 있습니다. 북대서양과 남극해에서 해빙에서 풀려나온 염분으로 무거워진 한류는 심층을 향해 가라앉게 됩니다. 이 심층수는 대서양을 통해 남쪽으로 흘러 남극해 심층수와 합류합니다. 이어 인도양과 태평양 심해까지 흘러가 동태평양의 적도 부근에서 표층으로 상승합니다. 그리고 다시 서쪽으로 이동해 대서양을 지나 원래 출발점인 북극까지 돌아갑니다. 심층수의 거대한 순환은 '대양 컨베이어벨트'입니다. 한 바퀴 도는 데 약 1,000년이 걸립니다.

장마가 길어지자 미국 캘리포니아 주나 하와이 주의 날씨를 부러워하는 사람도 있었습니다. 심층수가 동태평양 부근에서 표층으로 올라오는 것은 그 해역에 부는 강한 바람이 표층수를 걷어내기 때문입니다. 표층의 빈자리를 차가운 심층수가 채우기 위해 올라오는 거죠. 이 지역 날씨가 쾌청한 것은 솟아오르는 심층수 때문입니다. 라니냐와 엘니뇨는 동태평양에서 심층수 상승과 물려 있는 현상인 거죠. 이쯤 되면 바다에서 표층과 심층이 연결되고 지구 전체를 순환하는 거대한 흐름이 지구 기후의 바탕임을 직감할 수 있을 겁니다.

기상학자들은 인류가 반성과 변화 없이 지금처럼 행동하면 종말이 온다는 것을 나비에-스토크스 방정식으로 이미 확인했습니다. 그런데 인류는 여전히 거꾸로 가고 있죠. 얼음이 녹으면 인류는 북극에 접근하기가 쉬워집니다. 막대한 에너지원 발굴과 북극해 횡단 북서항로가 활성화하리라는 기대로 북극해 주변 국가들과 기업들의 관심이 집중될 것입니다. 이들 국가와 기업은 개발로 환경이 변하리라는 것을 무시하기 십상입니다. 주권 문제와 더불어 부富에 대한 욕망으로 21세기 '뉴 그레이트 게임'이 여기서도 벌어질 게 자명합니다. 그러면 극지에 묻혀 있는 탄소가 대기층으로 더 올라와 온난화를 가속할 겁니다.

이미 모든 지표는 '기후변화'를 넘어 '기후위기'라는 재앙으로 향하고 있습니다. 그중 빙하는 모든 지표의 시금석입니다. 지난해 그

린란드 육지의 빙하 소실량은 지난 30년 동안 해마다 사라진 평균 빙하량의 배에 가까웠습니다. 영구 동토층이 사라지는 것도 가속화했죠. 지난 2월 측정한 남극의 여름 평균온도가 역대 최고치인 섭씨 18.3도에 이르렀습니다. 녹아내린 영구 동토층에 갇혀 있던 탄저균 등 미지의 세균이나 바이러스가 세상에 나옵니다. 이제 지금보다 강력한 질병이 인류를 찾아올지 모릅니다. 북극과 남극은 낭만적인 정복의 대상이 아니고 투자와 개발 구역도 아닙니다.

애니메이션 〈뽀롱뽀롱 뽀로로〉에서는 펭귄과 북극곰이 잘 어울려 살아갑니다. 하지만 애니메이션일 뿐이죠. 실제 세상에서는 북극곰과 남극의 펭귄이 절대로 만나지 말고 각자 잘 살아가야 합니다. 우리는 자연에 의존해 살아갑니다. 그러니 터전을 지켜야 합니다. 아니 생태계의 최종포식자인 인류가 모든 생명의 터전을 지켜줘야 합니다. 북극곰과 남극의 펭귄이 실제로 만나는 날, 지구에서 그 광경을 볼 수 있는 인류는 이미 한 명도 남아 있지 않을 겁니다. 지구가 스스로 지속하는 데 인류에게 의존할 이유가 없기 때문입니다. 지구는 우리에게 무관심합니다. 우리가 지구에게 관심을 가져야 합니다.

33

엔트로피의 과학

엔트로피 인버전을 꿈꾸는 사람들

엔트로피 개념을 처음 제시한 루돌프 클라우지우스

비어 있는 탄창을 결합해 총을 벽으로 겨누자 폭발음과 함께 벽에 박힌 총알이 거꾸로 날아와 탄창에 장전됩니다. 흩어진 연기와 재가 모여 불꽃이 일지만 열을 흡수해 화재현장 주변은 얼고 맙니다. 사람이 숨을 쉴 때마다 이산화탄소를 들이마시고 산소를 토해냅니다. 자동차도 이산화탄소를 빨아들여 산소는 분리하고 남은 탄소를 결합해 연료로 만들며 달려갑니다. 우리가 알고 있는 모든 물리화학적 운동과 현상이 반대인 세상입니다. 이런 세상이 과연 가능할까요?

이런 이상한 세상은 최근 대중뿐 아니라 과학자들 사이에서도 화제가 된 크리스토퍼 놀런 감독의 영화 〈테넷〉에 나오는 장면입니다.

놀런의 영화는 한 번도 안 본 사람은 있어도 한 번만 본 사람은 없다고 할 만큼 난해한 각본으로 유명하죠. 〈테넷〉을 관통하는 맥락은 '엔트로피 인버전'Entropy inversion입니다. 과학에서 '엔트로피'는 일반인이 이해하기 쉽지 않은 개념 중 하나입니다. 그런데 '인버전'이니 이 개념이 뒤집혔다는 뜻입니다. 어려운 것을 뒤집었으니 오히려 이해하기 쉬울까요?

엔트로피란 무엇일까?

엔트로피 개념을 처음 제시한 사람은 독일의 물리학자 루돌프 클라우지우스Rudolf Clausius, 1822~1888입니다. 그는 1850년대 초 이를 열역학 법칙에 도입했습니다. 이후 통계물리학과 양자역학에서도 엔트로피를 정의해 확률적 분포에 대해 설명했습니다. 심지어 블랙홀을 설명하는 데도 엔트로피는 유용하게 사용되고 있습니다.

엔트로피는 열역학 제2법칙에서 다뤄집니다. 두 번째 법칙이 있다면 당연히 다른 법칙도 있겠죠. 제1법칙은 대부분의 사람이 익히 들어 알고 있는 '에너지 보존 법칙'입니다. 사람들은 이 법칙이 대략 어떤 의미인지 알고 있습니다. 어떤 범위 내에서 에너지의 형태가 서로 다르지만 절대적 총량은 변하지 않는다는 거죠. 그래서 간혹 이 법칙을 삶에 빗대곤 합니다. 삶에서 사람들이 느끼는 희로애락이라는 감정은 결국 크고 작음의 차이일 뿐 그 총량은 변하지 않는다는 거죠. 혹은 누구에게나 색깔은 다르지만 고통과 희망의 총량은 같다는 해석으로 위안을 받기도 합니다. 물론 이런 비유로 열역학 법칙에 대해 포괄적으로 이해할 수는 있습니다. 하지만 그것을 엄밀하게 설명하기란 어렵습니다.

특히 열역학 법칙에서는 '계'system라는 특정 조건을 다룹니다. 계란 열역학의 연구 대상이 되는 일정한 공간적 영역이나 물질의 범위를 의미합니다. 희로애락의 총량에서 '삶'이 계와 유사한 개념입니다. 그래서 제1법칙도 엄밀하게는 '고립계에서 에너지는 보존된다'고 정의합니다. 고립계에서는 계의 바깥인 '주위'surroundings와 에너지나 물질의 출입이 단절돼 있으니, 계 내부의 에너지가 보존되는 것은 당연하다고 정의하죠.

이제 열역학 제2법칙인 엔트로피를 볼까요? 엔트로피란 용어는 자연에서 일어나는 '변화의 방향'을 말해주는 물리량으로 사용됩니다. 변화의 방향이 어떤 의미인지 예를 들어보죠. 뜨거운 물이 담긴 컵에 인스턴트 커피를 넣습니다. 그러면 커피와 설탕 알갱이가 물 속에서 퍼집니다. 극성을 지닌 물 분자의 충돌로 입자들은 쪼개져 흩어지며 컵 전체에 고루 퍼지겠죠. 우리는 이를 '녹는다'고 표현합니다. 시간이 지나면 뜨거운 커피가 식어갑니다. 컵이라는 계의 외부와 열 교환이 이뤄지며 온도가 낮아지는 겁니다.

이런 변화는 우리가 사는 세계에서 전혀 이상한 게 아니라 당연한 일입니다. 그리고 물리학에서는 이런 변화의 정도를 '무질서한 정도'라고 표현해 엔트로피에 대해 정의합니다. 무질서는 잘 정리됐거나 혹은 정렬된 상태가 흐트러지는 것을 뜻합니다. 엔트로피라는 용어는 과학 외에 다른 분야나 일상에서도 사용되곤 합니다. 간혹 물리학자들은 '엔트로피가 증가한다'는 말로 복잡한 심정이나 어지러운 주변 상황을 빗대 표현하곤 하니까요.

엔트로피 법칙에서 중요한 것은 고립계 전체의 엔트로피가 늘 증가하는 쪽으로만 가지 줄지는 않는다는 점입니다. 그러니까 뜨거운 물에 퍼지는 커피 입자는 점차 무질서해지기만 하고, 단순했던 원래의 커피와 설탕 알갱이로는 돌아가지 않는다는 거죠. 이론적으로는 원래 알갱이로 되돌릴 수도 있습니다. 그러려면 외부에서 이 계로 에너지를 투입해 엄청난 작업에 나서야 합니다. 물을 증발시키고 남은 입자는 분리해 다시 뭉쳐야 하죠. 물론 녹기 전 원래 상태의 알갱이 모습과 똑같이 만드는 것은 불가능에 가깝습니다. 이게 가능하다면 컵이라는 계 안에서 엔트로피를 감소시킬 수 있습니다. 하지만 결국 계의 외부까지 포함한 더 큰 고립계에서는 이런 일을 하기 위한 에너지 생성으로 전체 엔트로피는 더 증가하게 됩니다.

엔트로피를 감소시킬 수 있는 유일한 희망

정리해보면 우리가 사는 세계인 우주 전체는 열역학 제1법칙에 따라 내부 에너지 총량에 변화가 없습니다. 그리고 우주 전체라는 고립계 안에서 일어나는 모든 현상과 과정은 커피 입자가 퍼지는 것처럼 무질서해지며 엔트로피가 증가하는 방향으로만 일어난다고 정의한 게 제2법칙입니다. 거꾸로 엔트로피가 감소하는 방향으로

가는 것, 다시 말해 가역 과정은 좀처럼 일어나지 않죠.

그런데 우리의 모든 일상을 영상으로 찍어 거꾸로 돌려보면 어떨까요? 잘 섞인 커피가 물과 분리돼 알갱이로 다시 모이고 식은 물의 온도는 다시 올라갑니다. 불가능할 것 같은 일이 일어날 수 있겠죠. 엔트로피를 증가시키는 방향이 아니라 거꾸로 감소시키는 방향으로 만들 수 있는 유일한 해답은 어쩌면 '시간'일지 모르겠습니다. 시간이 흐르는 방향을 거꾸로 돌리면 되는 거죠. 타임머신으로 시간 여행을 하면 됩니다.

그러나 시간을 되돌릴 수 있을까요? 시간이라는 개념은 물리학자들조차 설명하기 곤혹스러워 하는 대상입니다. 현재 인류가 아는 것은 시간이 한 방향으로 흐른다는 점입니다. 아니, 시간의 흐름은 우리 세계가 움직이기 때문에 정의된 건지도 모르죠. 모든 게 정지해 있다면 시간의 흐름은 의미가 없으니까요. 시간여행이 불가능한 건 바로 엔트로피라는 개념 때문입니다. 그런데 엔트로피 인버전을 다룬 영화의 경우 과거와 현재, 미래라는 각 세계에서 평행이론처럼 서로 다른 엔트로피 변화가 동시에 작동합니다. 동영상을 거꾸로 돌리는 것처럼 사람과 자동차가 거꾸로 다니고 하늘의 새도 거꾸로 날아갑니다. 인버전 상태에서 불이 흡수한 에너지로 주변을 얼리는 등 모든 물리화학적 변화의 방향이 거꾸로 작동하죠. 우리가 아는 모든 것과 반대인 이런 세상은 낯설고 이상합니다. 물론 영화는 영화일 뿐 현실에서는 불가능한 현상입니다.

영화 스크린이 꺼지고 다시 세상으로 나오니 현실에서는 팬데믹

이 한창입니다. 엉뚱한 생각이 들었습니다. '이 상황이 엔트로피 인버전이라면 어떨까?' 최근 한 명의 거짓말이 7차 감염으로 이어져 80명 넘는 확진자를 만들어낸 일도 있었습니다. 방역 당국은 망연자실했습니다. 감염경로가 파악되지 않는 이른바 '깜깜이 환자' 비율도 높아져 방역에 골머리를 앓았죠.

감염경로라는 정보는 사람들의 삶 그 자체입니다. 시간의 흐름은 현재를 과거 속에 묻어버립니다. 과거에 갇힌 삶은 볼 수 없고 그 정보는 이내 사라집니다. 게다가 공공성을 외면한 이기심이 과거 정보를 왜곡하여 연결의 사슬까지 끊어냅니다. 점차 불확실해지는 감염경로는 정보 엔트로피의 증가로 볼 수 있겠죠. 할 수만 있다면 영화처럼 엔트로피 인버전으로 세상을 거꾸로 돌리고 싶습니다. 깜깜이 환자의 감염경로를 찾아내 최초의 단순한 정보량으로 돌아가는 거죠.

그러나 이런 시간여행은 현실에서는 불가능합니다. 하지만 팬데믹이라는 고립계 안에서 엔트로피를 감소시킬 수 있는 유일한 희망이 있었습니다. 바로 역학조사관입니다. 역학조사 하면 으레 환자의 동선을 파악하는 일로 생각하기 쉽습니다. 그러나 사실 역학조사는 의과학과 통계학에서 사회과학과 인문학에 이르는 폭넓은 분야에 대한 입체적 이해를 바탕으로 한 융합과학입니다. 감염이 발생하면 감염 위험을 무릅쓰고 현장으로 가장 먼저 달려가는 이가 역학조사관입니다. 우리는 코로나19 감염사태와 같은 어려운 상황을 또 맞닥뜨리게 될 겁니다. 하지만 영화 같은 엔트로피 인버전을 현실에서 가능하게 만드는 주인공들이 있는 한, 우리는 다시 그 상황을 잘 이겨낼 수 있을 겁니다.